DE L'HOMME

ANTÉDILUVIEN

ET DE SES ŒUVRES.

DE L'HOMME
ANTÉDILUVIEN
ET
DE SES ŒUVRES,

PAR

M. BOUCHER DE PERTHES.

PARIS,

JUNG-TREUTTEL, rue de Lille, 17-19;
DERACHE, rue du Bouloy, 7, au premier.
DUMOULIN, quai des Augustins, 13.
Vor DIDRON, rue St-Dominique-St-Germain, 23.

1860.

DE

L'HOMME ANTÉDILUVIEN

ET DE SES ŒUVRES.

DISCOURS PRONONCÉ PAR LE PRÉSIDENT DE LA SOCIÉTÉ IMPÉRIALE D'ÉMULATION DANS SA SÉANCE DU 7 JUIN 1860.

Messieurs,

Près d'un quart de siècle s'est écoulé depuis qu'ici même je vous entretenais de l'ancienneté de l'homme et de sa contemporanéité probable avec ces mammifères gigantesques, dont les espèces, anéanties lors de la grande catastrophe diluvienne, n'ont pas reparu sur la terre.

Ce système que je soumettais à votre examen était nouveau : cet homme antérieur au déluge, cet homme qui vivait, au milieu de ces colosses ses aînés dans la création, n'était pas reconnu par la science.

Repoussé par elle, il l'était aussi par l'opinion : un siècle avant, cette opinion, qui acceptait sans difficulté les géants humains, ne voulait pas croire aux géants animaux, et dans chaque os d'éléphant, elle voyait celui d'un homme.

Aujourd'hui, elle croit aux éléphants et ne croit plus aux géants. En ceci, elle a raison ; mais son scepticisme a été trop loin quand elle a nié que l'homme eût vécu durant la période qui a précédé la formation diluvienne, ou ce cataclysme qui a donné à la surface terrestre sa configuration actuelle. C'est cette lacune de notre histoire, cette ignorance où nous sommes des premiers pas de l'homme sur la terre, que je vous signalais; c'est sur ce peuple primitif, ses mœurs, ses habitudes, ses monuments ou les vestiges qu'il avait dû laisser, que je désirais jeter quelque lumière.

Vos conseils ne m'ont pas fait défaut; j'en ai largement usé lorsque, dans nos séances de 1836 à 1840, je vous développais cette théorie, comme complément de mon livre *De la Création* (1), en ajoutant que cet homme fossile ou ses œuvres devaient se trouver dans le diluvium ou les terrains qu'on nommait alors *tertiaires*. Si vous n'adoptiez pas toutes mes idées, vous ne les repoussiez pas non plus; vous les écoutiez, non avec l'intention de les condamner, mais avec celle de les juger; vous admettiez le principe, seulement vous vouliez des preuves.

Hélas! je n'en avais pas à vous donner: j'en étais encore aux probabilités et aux systèmes. En un mot, ma science n'était que prévision. Mais cette prévision chez moi était devenue conscience: je n'avais pas encore analysé un seul banc que je tenais déjà ma découverte pour faite.

(1) Ces lectures et les dissertations auxquelles elles donnaient lieu sont rappelées dans les procès-verbaux des séances et les volumes de 1836 à 1840 des *Mémoires* de la Société d'Émulation. (Voir, pour les dates, l'extrait des procès-verbaux, page 428, du volume de 1837, et années suivantes.)

J'étais bien jeune, lorsque cette pensée m'avait préoccupé pour la première fois. En 1805, me trouvant à Marseille chez M. Brack, beau-frère de Georges Cuvier et ami de mon père, j'allai visiter dans les environs une grotte, dite de *Roland*. Mon premier soin fut d'y chercher de ces os dont j'avais si souvent entendu parler par Cuvier. J'en rapportai, en effet, quelques échantillons. Etaient-ils fossiles? — Je ne saurais le dire.

Plus tard, en 1810, je visitai une autre grotte, celle de Palo (États-Romains). Cette fois, j'étais avec M. Dubois-Aymé, depuis membre de l'Institut. Là, on prétendait avoir trouvé des squelettes humains: c'est possible, mais nous n'en vîmes pas. Nous ramassâmes, comme j'avais fait à Marseille, des os d'animaux et j'y recueillis plusieurs pierres qui me parurent taillées. Je les montrai à M. Dubois, en lui communiquant mes idées; il se chargea d'en faire le sujet d'une note, qu'il a dû envoyer à l'Institut.

Lorsque, en 1836, je vous entretenais des pierres taillées du diluvium, pierres qui étaient encore à découvrir, j'avais formé une collection de celles des grottes, tombelles, tourbières et terrains rapportés. C'est en recueillant ces dernières qui, évidemment, n'étaient plus dans leur gissement primitif, que la pensée me vint de rechercher quelle pouvait être leur origine ou la composition de ce gissement. La teinte jaunâtre de quelques-unes, fut un premier indice. Seulement extérieure, cette teinte n'était pas celle de la pâte du silex : j'en conclus qu'elle était due à la nature ferrugineuse du sol, avec lequel la pierre avait originairement été en contact. Certaine couche du diluvium remplissait cette condition: la nuance en était bien celle de mes haches. Elles y avaient donc séjourné; mais ce séjour était-il l'effet d'une révolution récente et d'un remaniement secondaire, ou datait-il de la formation du banc? La question était là.

Dans le cas de l'affirmative, ou si la hache était dans le banc depuis son origine, le problème était résolu : l'homme qui avait fabriqué l'instrument était antérieur au cataclysme qui avait formé le banc. Ici, plus de doute possible, car ces dépôts diluviens n'offrent pas, comme les tourbières, une masse élastique et perméable; ni comme les caverses à ossements, un gouffre béant, ouvert à tout venant, et qui, de siècle en siècle, a servi d'asile et puis de tombeau à tant d'êtres divers : dans ce pêle-mêle de tous les âges, dans ce terrain neutre, sorte de caravanserail des générations passées, comment caractériser les époques.

Dans les formations diluviennes, au contraire, chaque période est nettement tranchée. Ces couches horizontalement superposées, ces bancs de nuances et de matières différentes, nous montrent en caractères majuscules l'histoire du passé : les grandes convulsions de la nature y semblent tracées par le doigt de Dieu.

Quoiqu'unis aujourd'hui en un seul ensemble, comme les assises d'un même mur, tous ces bancs ne sont pas frères, des siècles peut-être les séparent, et les générations qui ont vu naître l'un n'ont pas toujours vu se former l'autre. Mais depuis le jour où chaque lit fut posé et affermi, il est resté intégralement le même : en se condensant, il n'a rien perdu, il n'a rien gagné. Là, point d'introduction d'en haut ni d'infiltration secondaire : chaque assise est exempte de l'influence de celle qui la suit comme de celle qui la précède ; homogène et compacte, il faudrait, pour la modifier, une cause non moins puissante que celle qui l'a créée. Telle vous la voyez, telle elle était le jour où sa formation fut achevée. Si un éboulement ou un travail quelconque en eût altéré la régularité, une ligne oblique ou perpendiculaire, coupant la ligne horizontale, vous le dirait.

Ici, Messieurs, les preuves commencent : elles seront sans réplique, si cette œuvre humaine que nous cherchons, cette œuvre dont je vous disais : *elle est là,* s'y trouve depuis le jour qu'elle y fut apportée. Non moins immobile que le banc lui-même, venue avec lui, elle s'y est arrêtée comme lui ; et puisqu'elle a contribué à sa formation, elle existait avant lui.

Ce coquillage, cet éléphant, cette hache ou la main qui la fabriqua furent donc témoins du cataclysme qui donna à notre pays sa configuration présente. Peut-être même déjà fossiles à cette époque, cette coquille, cet éléphant, cette hache, étaient-ils, débris échappés à un premier déluge, les souvenirs d'un autre âge : qui peut mettre des bornes au passé? n'est-il pas infini comme l'avenir? Où donc est l'homme qui a vu commencer une chose? où est celui qui la verra finir? Ne marchandons donc plus sur la durée des âges; croyons que les jours de la création, ces jours qui commencèrent avant notre soleil, furent les jours de Dieu, les longs jours du monde. Rappelons-nous enfin que, pour ce Dieu éternel, mille siècles ne sont pas plus qu'une seconde, et qu'il a mis sur la terre des causes et des effets que ces mille siècles n'ont pas rendus moins jeunes qu'ils l'étaient à l'heure même où sa main les posa.

Mais toutes les assises de la terre, toutes ces enveloppes schisteuses, crayeuses, argilleuses, sabloneuses, qui recouvrent son noyau, ne sont pas le résultat d'une cause subite, d'une convulsion ou d'un déluge. Si l'effort d'un torrent a pu, de ces couches arrachées à d'autres couches, élever des bancs en un jour, il en est qui sont la conséquence d'une action lente et des dépôts successifs d'une eau tranquille qui, elle aussi, accomplissant son œuvre, a posé des collines et édifié des montagnes, non plus avec des masses jetées sur des masses, mais par grains de sable semés sur des grains de sable. Or, si nous admettons que les bancs de Menchecourt et autres se sont ainsi élevés par une croissance insensible, par une suite de dépôts et de sédiments, l'ancienneté de ces os et de ces haches, gisants sous plusieurs mètres de sable lentement accumulé, puis recouvert d'une couche de limon ou d'argile, puis encore d'un lit de craie roulée et de cailloux brisés, surmontés eux-mêmes d'une couche épaisse de terre végétale, cette ancienneté, dis-je, sera bien plus grande encore que celle que nous présente la formation subite des couches diluviennes.

Après vous avoir rappelé la configuration du terrain et la nature des éléments qui le composent, je vous répèterai sur quelles bases, en 1836 et 1837, j'établissais la probabilité de la présence de l'homme et de ses œuvres, et l'espèce de certitude que j'avais de les y trouver. — Je fondais cette certitude :

1° Sur la tradition d'une race d'hommes détruite par le déluge ;

2° Sur les preuves géologiques de ce déluge ;

3° Sur l'existence, à cette époque, des mammifères les plus voisins de l'homme et ne pouvant vivre que dans les mêmes conditions atmosphériques ;

4° Sur la preuve, ainsi acquise, que la terre était habitable pour l'homme ;

5° Sur ce que, dans toutes les régions, îles ou continents, où l'on a rencontré ces grands mammifères, l'homme y vivait ou y avait vécu; d'où l'on pouvait conclure que si les animaux avaient paru sur la terre avant l'espèce humaine, elle les y avait suivis de près, et, qu'à l'époque du déluge, elle y était déjà assez nombreuse pour y laisser des signes de son passage;

6° Enfin, sur ce que ces débris humains avaient pu échapper aux investigations des géologues et des naturalistes eux-mêmes, parce que la différence de conformation qu'on remarque entre les individus fossiles et leurs analogues actuellement vivants, pouvait exister entre les hommes antédiluviens et ceux d'aujourd'hui; dès-lors qu'on avait pu les confondre avec d'autres mammifères; qu'ici, les probabilités physiques, l'expérience présente et passée, la géologie comme l'histoire, enfin la croyance universelle, venaient à l'appui de la tradition; qu'évidemment une race d'hommes, antérieurs au dernier cataclysme qui avait changé la surface de la terre, y vivait dans les mêmes temps, et vraisemblablement dans les mêmes lieux, que les quadrupèdes dont on a retrouvé les os.

Vous reconnaissiez la justesse de ces inductions, mais vous me demandiez : pourquoi ces terrains, plutôt que d'autres, étaient-ils la sépulture de l'homme primitif ou le dépôt de ses œuvres?

Je vous répondais que le torrent diluvien, en balayant la surface terrestre, avait fait alors ce que font journellement, sur une moindre échelle, nos pluies d'orage, quand, ramassant sur le sol les objets qui n'y sont pas assez solidement fixés par leur poids ou leurs attaches, elles les emportent, les charient et les jettent dans quelque égoût; ou lorsqu'elles ne rencontrent qu'un terrain plat, les y étalent en couches plus ou moins épaisses. Alors si vous examinez ces couches, leur analyse vous indiquera avec certitude les lieux que l'averse a parcourus : vous saurez si elle a traversé un pays peuplé ou désert, une ville ou une campagne, une prairie ou une forêt, un champ cultivé ou un sol aride et pierreux ; vous verrez aussi si le lieu habité l'a été par les hommes ou par les animaux. Bref, dans ces résidus d'un orage, vous pourrez non seulement suivre sa marche, mais en décrire les incidents.

Sans doute, à mesure que les jours s'écouleront, cette analyse deviendra moins facile; tous les corps dissolubles auront changé de figure ou se seront fondus dans la masse terreuse, mais les corps durs seront encore là.

Ainsi fit le torrent, bouleversant, emportant, entassant tout ce qu'il saisissait et en formant d'énormes amas composés de corps appartenant à tous les règnes et d'œuvres produits de toutes les intelligences. Là aussi les parties molles ou corruptibles ont disparu : il ne resta que ce qui était à l'épreuve du temps.

C'était donc bien dans ces ruines du vieux monde, dans ces dépôts devenus ses archives, qu'il en fallait chercher les traditions; et, faute de médailles et d'inscriptions, s'en tenir à ces pierres grossières, qui, dans leur imperfection, n'en prouvent pas moins l'existence de l'homme aussi sûrement que l'eût fait tout un Louvre.

Ainsi convaincu et fort de votre approbation, je poursuivis mon œuvre Les circonstances me favorisaient : d'immenses travaux entrepris pour les fortifications d'Abbeville, le creusement d'un canal, les voies ferrées qu'on préparait, mirent successivement à découvert, de

1830 à 1840, ces nombreuses assises de diluvium sur lesquelles repose une partie de notre vallée, et qui, de la craie qui en forme la base, s'élèvent jusqu'à trente-trois mètres au-dessus du niveau de l'eau; banc immense qui, du bassin de la Somme, va rejoindre celui de Paris et qui s'avance ainsi vers le centre de la France.

Un vaste champ était donc ouvert à mes études. Aussi combien de journées ai-je passé courbé sur ces bancs devenus pour moi l'arcane de la science et ma terre de promission! Que de milliers de silex, disons même de millions, n'ont pas été remués sous mes yeux. Je faisais ma besogne en conscience: tous ceux qui par une couleur ou une coupe spéciale se distinguaient des autres, je les ramassais, je les examinais sur toutes les faces; pas la moindre cassure ne m'échappait: quelquefois je croyais voir cette trace si péniblement cherchée: c'en était une sans doute, mais si faible! j'y trouvais une indication, ce n'était pas une preuve.

Enfin cette preuve vint: ce fut à la fin de 1838 que je vous soumis mes premières haches diluviennes. Ce fut aussi vers cette époque, ou dans le cours de l'année 1839, que j'en portai à Paris et que je les communiquai à quelques membres de l'Institut, notamment à mon respectable ami, M. A. Brongniart, qui était peut-être plus intéressé que tout autre à ce que ma découverte ne fut qu'illusoire, puisque, avec Cuvier, il avait établi comme principe que l'homme, nouveau sur la terre, n'était pas contemporain des grands pachydermes anté-diluviens. Néanmoins, Al. Brongniart, bien loin de me décourager, m'engagea fort à continuer (1).

(1) C'est également ce que firent MM. Flourens, Elie de Beau-

Cependant, je dois vous en faire l'aveu, lui non plus, Messieurs, ne put reconnaître la main de l'homme dans ces grossiers essais. J'y voyais des haches, et je voyais juste, mais la coupe en était vague et les angles émoussés; leur forme aplatie différait de celle des haches polies, les seules que l'on connut alors; enfin, si des traces de travail s'y révélaient, il fallait réellement, pour les voir, avoir les yeux de la foi. Je les avais, mais je les avais seul : ma doctrine s'étendait peu ; je n'avais pas un seul disciple.

Il me fallait d'autres preuves, dès-lors d'autres recherches, et pour les étendre je pris des associés. Je ne les choisis point parmi des géologues, je n'en aurais pas trouvé; au seul mot de haches et de diluvium, je les voyais sourire. Ce fut donc chez les ouvriers que je cherchai mes aides. Je leur montrai mes pierres; je leur fis voir aussi des dessins qui les représentaient telles qu'elles devaient être avant d'avoir été émoussées par le frottement diluvien.

Nonobstant ces soins, il me fallut plusieurs mois pour former mes élèves; mais avec de la patience, des primes distribuées à propos, et surtout la découverte de quelques morceaux nettement taillés, que, sous leurs yeux, je retirai des bancs, je parvins à les rendre tout aussi habiles que moi, et, avant la fin de 1840, j'avais pu vous offrir et soumettre à l'examen de l'Institut une vingtaine de silex où la main humaine était manifeste.

mont, L. Cordier, Valanciennes, de Blainville, Jomard. Ce dernier, quelque temps après, se rendit à Abbeville avec M. Constant Prevost et y visita les bancs et ma collection. M. de Blainville y vint plus tard, mais il s'occupa spécialement des tourbières.

M. Brongniart ne douta plus; M. Dumas, son gendre, adopta son opinion. A partir de ce moment, j'eus des prosélytes. Le nombre en fut petit, comparativement à celui des opposants. Ma collection qui s'accroissait rapidement et que, dès le principe, j'avais ouverte aux curieux, en attira quelques-uns; mais les hommes pratiques dédaignèrent de voir; disons-le: ils en avaient peur; ils craignaient de se rendre complices de ce qu'ils appelaient une hérésie, presqu'une mystification : ils ne soupçonnaient pas ma bonne foi, mais ils doutaient de mon bon sens.

J'espérais que la publication de mon livre des antiquités antédiluviennes, qui parut d'abord sous le titre: *De l'Industrie primitive,* dissiperait tous les doutes : ce fut le contraire. Sauf vous, Messieurs, chez qui j'ai trouvé un constant appui (1), personne n'y crut. En 1837, on avait accueilli la théorie sans trop de difficultés; quand, se réalisant, cette théorie devint un fait que chacun pouvait vérifier, on n'y voulut plus croire, et l'on

(1) Parmi les membres de la Société à qui je dois surtout des remercîments, je citerai feu le docteur Ravin, qui m'aida à établir les coupes de terrains; MM. Ed. Pannier et Os. Macqueron qui, avec une obligeance parfaite et un talent incontestable, ont dessiné et lithographié toutes les planches; M. H. Tronnet, qui a revu toutes mes épreuves avec un soin et un savoir qui m'a été bien utile; MM. Louandre père et fils, Dusevel, de Marsy, Florentin Lefils, qui ont publié plus d'un article pour défendre mon livre; MM. Hecquet d'Orval, Feret, le baron de Clermont-Tonnerre, Baillon, Buteux, Vion, le comte d'Hinnisdal, le baron de Girardot, Di-Pietro, l'abbé Cochet, l'abbé Decorde, l'abbé Corblet, Marcotte, Pinsard, Ch. Gomart, le comte de Mailly, d[r] L. Douchet, Garnier, Goze, etc.

m'opposa un obstacle plus grand que l'objection, que la critique, que la satire, que la persécution même : *le dédain*. On ne discuta plus le fait ; on ne prit même plus la peine de le nier : on l'oublia.

C'est ainsi qu'il sommeilla paisiblement jusqu'en 1854. Alors le docteur Rigollot qui, sur ouï-dire, s'était pendant dix ans montré mon constant adversaire, se décidant à juger la question par lui-même, visita les bancs d'Abbeville, et successivement ceux de Saint-Acheul et de Saint-Roch-lès-Amiens. Sa conversion fut prompte : il comprit que j'avais raison. En honnête homme qu'il était, il le déclara hautement dans une brochure que vous connaissez tous (1).

Ce mémoire très-clair, très-consciencieux, qui valut à son auteur sa nomination à l'Institut, rappela l'attention sur mon livre. Malheureusement, elle ne fut pas bienveillante. D'une question purement géologique, on fit un sujet de controverse religieuse. Ceux qui ne mirent pas en doute ma religion (2), m'accusèrent de témérité :

(1) *Mémoire sur les Instruments en silex trouvés à Saint-Acheul.* Brochure in-8°. Amiens, 1854.

(2) Dans la *Science pour tous* et dans son mémoire : *L'Homme fossile,* dédié au savant évêque de Tulle, M. Léopold Giraud et le docteur Halleguen, dans les *Annales de la Philosophie chrétienne,* de M. Bonnetty, prouvent nettement que les découvertes géologiques de M. Boucher de Perthes peuvent très-bien marcher d'accord avec nos croyances religieuses. Déjà l'*Univers* s'était prononcé dans le même sens dans ses numéros des 21 octobre et 16 novembre 1859.

En Angleterre, quelques membres de la Société Biblique, plus sévères que nos théologiens, virent dans ce nouveau système une tendance au papisme, et les géologues anglais qui l'avaient

archéologue inconnu, géologue sans diplôme, je voulais renverser tout un système confirmé par une longue expérience et adopté par tant d'hommes éminents. C'était là, disait-on, une étrange prétention.

Étrange, en effet. Mais cette prétention, Messieurs, je ne l'avais pas, je ne l'ai jamais eue. Je révélais un fait : il en découlait des conséquences neuves peut-être, mais ces conséquences je ne les avais pas faites. La vérité n'est l'œuvre de personne : elle a été créée avant nous, elle est aussi vieille que le monde; souvent cherchée, mais plus souvent repoussée, on la trouve, mais on ne l'invente pas. Parfois aussi nous la cherchons mal, car ce n'est pas seulement dans les livres qu'elle réside : elle est partout, dans l'eau, dans l'air, sur la terre; nous ne pouvons pas faire un pas sans la rencontrer, et quand nous ne l'apercevons pas, c'est que nous fermons les yeux ou que nous détournons la tête. Oui, ce sont nos préjugés ou notre ignorance qui nous empêchent de la sentir, de la toucher. Si nous ne la voyons pas aujourd'hui, nous la verrons demain, car, quelqu'effort que l'on fasse pour l'éviter, elle apparaît quand son heure est venue : heureux alors celui qui se trouve là pour l'accueillir et dire aux passants (1) : *la voilà.*

adopté, eurent à se défendre contre cette singulière attaque. Dans un *meeting* qui avait lieu à Newcastle, un des membres présents y répondit ainsi : « Les faits, quand ils se révèlent d'eux-mêmes, doivent non seulement être acceptés, mais bien reçus. Les traits forgés par des mains antédiluviennes peuvent blesser notre géologie et notre chronologie, mais les blessures guériront et la science ne s'en portera que mieux. »

(1) Voici ce que l'auteur disait ailleurs sur ce même sujet :

« Dès qu'une vérité est découverte, elle devient un bien com-

Vous comprendrez, Messieurs, que ceci n'a rapport qu'aux vérités morales et que je n'ai pas la prétention de l'appliquer à ma modeste trouvaille et au petit coin du voile qu'elle peut aider à soulever.

Après ces objections sur l'ensemble de mon livre, ou ce qu'on peut nommer sa moralité, on en vint aux détails: on mit en question la nature des bancs. Ici M. Rigollot ne fut pas plus ménagé que moi-même: savant naturaliste et habile archéologue, on ne voulut pas qu'il sût distinguer un terrain remanié de celui qui ne l'était pas; on lui refusa le savoir que possède le dernier des terrassiers; enfin, pour saper son travail dans sa base, on prétendit que les bancs de Saint-Acheul, de Saint-Roch, et conséquemment ceux d'Abbeville et de Paris, leurs analogues, étaient non seulement de formation récente, mais une création toute moderne et qui n'avait pas précédé de beaucoup l'arrivée des Romains dans les Gaules. En vain ces bancs dénommés *diluviens* par Elie de Beaumont et, précédemment, par A. Brongniart, et par Cuvier qui y avait découvert une partie de ses grands fossiles, ces bancs qui déjà de *tertiaires* qu'ils étaient, il y a dix ans, étaient devenus *quartenaires*, rajeunis encore et, changeant à la fois de nom et d'état, n'étaient plus que des terrains *remaniés*. — Mais remaniés par qui? — Par

mun. Celui qui l'a vue le premier, n'y a pas plus de droit que les autres, il ne peut pas plus dire : elle est à moi, que l'astronome ne le dira de la planète qu'a trouvée sa lunette. Mais dût-il même au hasard sa découverte, en est-elle moins un bienfait pour tous? Non. Heureux donc celui qui l'a faite! car l'acquisition d'une vérité nouvelle vaut souvent mieux qu'une mine d'or, et nous parut-elle stérile, tôt ou tard elle devient féconde. »

l'homme? — Non; toute la population des Gaules n'y aurait pas suffi. — Par un cataclysme? — Lequel? — Serait-ce un cataclysme récent, postérieur au déluge de Noé?—Je vous le demande, Messieurs, quand le souvenir du déluge de l'Écriture est resté dans la mémoire de tous les peuples, comment la tradition d'une catastrophe nouvelle et qui, ainsi que la précédente, aurait bouleversé la surface terrestre, ne serait-elle pas venue jusqu'à nous? comment aurait-elle été oubliée, même au temps de César, puisque ni lui ni aucun historien n'en parle? comment aussi ces bancs, résidus d'un courant qui balayait ce sol habité par des hommes si rapprochés de la civilisation, ne présenteraient-ils rien qui en rappelât les arts et les monuments: ciments, poteries, métaux? pourquoi n'y trouvait-on pas non plus les espèces domestiques et les races aujourd'hui indigènes? Non, dans ces bancs tout dénonçait l'enfance des âges et une nature disparue: tous les débris organiques y étaient fossiles.

Ce cataclysme récent ou ce remaniement subit de l'enveloppe, à une époque si rapprochée de nous, est donc démenti: d'abord par le silence de la tradition, puis par la figure du sol; enfin par la composition des lits.

Si nous attribuons cette modification de la superficie et la formation des couches à des dépôts successifs, nous aurons pour nous cette superficie même et ces jalons qui heureusement ont leurs dates et qui peuvent ainsi, sur bien des points, nous montrer presque d'année en année, l'histoire de ce sol et les variations de son niveau, et je dirai: quand la position des monuments, dont quelques-uns, tels que ceux de Ninive, les Pyramides d'Égypte, les constructions dites cyclopéennes, remontant à trois et quatre mille ans, quand les troncs verticaux de certains arbres non moins antiques, quand la configuration géographique de terrains décrits par les plus anciens auteurs prouvent que depuis ces temps reculés la forme et même l'aspect de ces terrains n'ont presque point varié; en outre, quand les dépôts par sédiments, dont on suit les progrès, offrent une croissance tellement lente que les centimètres y représentent des siècles, qui pourra croire que quelques milliers d'années auraient suffi pour élever de onze mètres et plus ces bancs qu'on dit remaniés, et comment accorder ce remaniement qui, quelle qu'en soit la cause, ne peut rappeler qu'un désordre ou un mouvement anormal, avec la régularité des couches?

La formation de la tourbe est encore une preuve du temps qu'exigent les dépôts par sédiments. Dans les pays où l'on exploite les tourbières depuis un temps immémorial, personne n'a vu la tourbe recroître d'une manière sensible. L'on en a conclu avec raison qu'il fallait des siècles pour en produire une épaisseur de quelques centimètres. On peut juger, d'après ceci, combien longue est la période que représentent les masses tourbeuses de la vallée de Somme, masses dont l'épaisseur atteint jusqu'à onze mètres, et qui reposent sur la craie, à douze et treize mètres de la superficie.

Mais la base de craie de la tourbe n'est que l'exception et ne se rencontre ici que sous les bancs qui bordent la vallée. La tourbe y git d'ordinaire sur une mince couche d'argile, sous laquelle est un lit de sable et de cailloux. Eh bien! Messieurs, dans ce lit de diluvium, recouvert de plusieurs mètres d'une tourbe noire et compacte, j'ai trouvé des traces de l'homme, j'y ai recueilli plusieurs belles haches légèrement roulées et qui ne diffèrent de celles de Menchecourt que par leur patine d'un jaune foncé; différence provenant de ce que ces haches au lieu de se trouver, comme d'ordinaire, dans le lit de sable gris dit *aigre*, étaient dans celui de sable jaune ferrugineux dit *sable gras*, dont elles ont pris la couleur, ainsi que vous pouvez le voir par celles qui sont encore entourées de leur gangue, et que j'ai l'honneur de mettre sous vos yeux.

Devant ces faits et à l'aspect de ces larges coupes de Menchecourt, où se dessinent, comme autant de rubans et aussi nettement que les couleurs d'un drapeau, ces lits superposés vous montrant d'un coup-d'œil tous les mouvements du sol de la période diluvienne, comment admettre une formation récente et un cataclysme d'hier?

La présence de la tourbe sur les points où elle remplace la terre végétale, et le temps qu'exige l'affermissement d'une assise tourbeuse, quelque peu épaisse qu'elle soit, suffiraient pour démontrer la vieillesse du sol; mais s'il est difficile de préciser l'âge des couches diluviennes sur lesquelles repose notre vallée à certains points et qui la dominent sur d'autres et de dire si elles sont la suite de plusieurs formations séparées par de longues périodes ou la conséquence d'une convulsion unique et spontanée, cette difficulté est moindre en ce qui concerne les dépôts tourbeux, et l'on arrivera peut-être, après des études bien approfondies, à savoir ce qu'il a fallu de temps pour décomposer d'année en année, concentrer et durcir les masses de végétaux qui forment un lit de tourbe.

J'ai déjà présenté quelques indications sur ce sujet, en donnant la mesure des couches qui recouvraient des vases enfouis de main d'homme dans un lit de sable fluvial, enfouissement qui avait évidemment eu lieu avant que le banc de tourbe ait commencé à se former. Malheureusement la date, même approximative, de ces vases qui, si l'on en juge à leur imperfection et à la grossièreté de leur pâte, doivent être très-anciens, restait inconnue; mais au-dessus, dans la tourbe même, j'ai trouvé des poteries romaines ou gallo-romaines que la tourbe aussi commençait à couvrir. Quant à celles-ci, il était possible d'établir un calcul sur des données probables (1).

D'induction en induction, on pourrait ainsi arriver à connaître sinon l'âge des bancs où se trouvent nos haches, du moins l'époque où la formation diluvienne étant achevée, elle a pu servir d'assiette à la formation tourbeuse.

Ce sont ces mêmes bancs de tourbe, postérieurs à la consolidation diluvienne, mais qui l'ont peut-être suivie de près, qui s'étendent jusque sous la Manche. Cette tourbe qu'on nomme bocageuse à cause des parties ligneuses et des fruits de noisetiers qui la composent en grande partie, doit être antérieure au cataclysme qui a séparé l'Angleterre du continent. On ne peut donc douter de son ancienneté (2). Qu'est-ce alors de celle des bancs qu'elle recouvre!

(1) M. Cf. L. Horner, dans son mémoire sur certains débris de terre cuite de la vallée du Nil, mémoire intitulé: *An account of some recent researches near Cairo*. Philos. Trans. 1858. Vol. CXLVIII, part. Ire, p. 53, donne à ces poteries quinze mille années d'ancienneté, en calculant sur une base connue, le temps que la couche de terre qui les recouvre a mis à s'amonceler.

(2) Il existe à Abbeville, dans le vaste et beau jardin de M.

Remarquez que ce n'est pas seulement dans le bassin de la Somme et dans celui de Paris qu'on retrouve ces dépôts diluviens présentant tous la même succession de couches avec les mêmes espèces fossiles et les mêmes traces de l'industrie humaine : l'Angleterre nous les montre aussi et avec des circonstances identiques.

En ce qui concerne le mode de formation de ces couches et la nature primitive du sol où elles se sont superposées, on peut là-dessus établir plusieurs hypothèses. A Menchecourt, que je cite ici comme un des bancs les mieux caractérisés et parfaitement identique à ceux de Paris (allée de la Motte-Piquet), on ne rencontre de coquilles que dans la couche la plus profonde et reposant immédiatement sur la craie. Or, ces co-

Foucques d'Émonville, un banc de tourbe qui y a été mis à découvert pour creuser un bassin. La tourbe qui a commencé à apparaître noire et compacte au niveau de la Somme, y était recouverte d'un lit de trente à quarante centimètres de cailloux roulés. Cette tourbe contient beaucoup d'ossements de bœufs, sangliers, cerfs, chevreuils, etc. On y a aussi recueilli quelques haches demi-polies. Dans une autre tourbière peu éloignée de celle-ci, au lieu dit : *la Bouvaque*, j'ai trouvé sous cinq à six mètres de tourbe, à six ou sept de la superficie et six et demi au-dessous du niveau de l'eau, des arbres sur pied ou dans leur position verticale, enracinés dans une terre végétale mélangée de sable. Parmi ces arbres, dont le tronc a jusqu'à deux mètres de circonférence, on reconnaît le chêne, l'aulne. Il y en a aussi de couchés. Leur grand nombre annonce une forêt. Le dernier lit de tourbe est mêlé de noisettes. Au-dessous est un sable gris et fin qui doit recouvrir une autre couche de tourbe assise elle-même sur un banc de sable jaune diluvien mêlé de silex, puis un lit de sable gris-blanc reposant sur la craie. A Mareuil, commune voisine d'Abbeville, on trouve des arbres à six,

quilles marines et fluviales, devenues très-fragiles par leur état fossile et se brisant au moindre contact, sont ordinairement intactes lorsqu'on les découvre. On en pourrait conclure que dans un temps très-reculé et antérieur au dernier bouleversement, il y a eu là un cours d'eau, un étang ou un marais, et que ces coquilles fluviales sont nées sur place.

Quant aux coquilles marines toujours assez rares, elles y auraient pénétré accidentellement, et de loin à loin, à la suite d'un ras-de-marée ou même de marées ordinaires qui auraient, poussées par le vent, dépassé la hauteur normale.

C'est dans ces marais ou ces étangs que les grands mammifères dont on retrouve les os auraient péri, ou que leurs cadavres auraient été entraînés par les eaux,

sept et huit mètres au-dessous du niveau de la Somme: Ce sont surtout des chênes qui ont jusqu'à trois mètres de circonférence; leurs racines sont dans une terre végétale mêlée de sable jaune, annonçant l'approche du diluvium. La tourbe à Mareuil a souvent dix mètres d'épaisseur; la terre végétale qui la recouvre n'a que quarante centimètres. Peut-être une première couche de tourbe y a-t-elle été, très-anciennement, exploitée: faute d'instruments convenables, on n'enlevait que la superficie. Les troncs d'arbres sur pied y paraissent moins communs qu'à la Bouvaque, mais les arbres couchés y sont en grand nombre. Là encore il y avait une forêt. On s'aperçoit, par leur racine et par leur position, qu'ils sont tombés au lieu même où ils croissaient et par une cause subite, car ils sont tous, dit-on, couchés du même côté ou la tête en amont de la rivière. Il doit en être ainsi dans toute la vallée de la Somme. Ce fut un coup de vent venant de la mer, ou une marée extraordinaire, peut-être celle qui a rompu l'isthme joignant l'Angleterre au continent, qui causa ce grand bouleversement.

en même temps que les haches et les gros silex. Il est évident que si les coquilles avaient été poussées par ce même torrent et mêlées avec les silex et les os, on n'en retrouverait que peu ou point d'entières; elles étaient donc là lorsque les os et les haches y furent jetés. La couche de sable aigre et les débris organiques qu'elle contenait, amenée par un torrent ou une haute marée, ou formée par les dépôts successifs d'une eau tranquille, aurait ainsi, soit subitement, soit peu à peu, comblé le marais ou l'étang.

Les couches supérieures, celle de sable jaune, celle d'argile ou de limon, enfin celle de silex brisés où il y a absence complète de débris organiques, notamment de coquilles, auraient été formées ensuite par autant de cataclysmes différents, séparés par des périodes plus ou moins longues; ou bien, comme nous venons de le dire, par des sédiments lentement superposés. Il faut admettre l'une ou l'autre de ces données, ou croire que les deux modes de formation se sont alternativement succédé. C'est aux géologues, plus habiles que moi, à résoudre la question.

Maintenant nous en revenons à nos haches, qui, elles aussi, vont jeter quelque lumière sur l'origine de ces bancs : ici une donnée se fortifie par une autre. On a souvent parlé de cette patine blanche ou jaune qui recouvre les haches diluviennes d'Abbeville et dont seraient dépourvues celles d'Amiens. Cette différence n'est pas aussi générale qu'on a cru le voir, et j'ai trouvé au moulin Quignon, et même à Menchecourt, des haches qui, comme celles de Saint-Acheul, avaient conservé la couleur primitive du silex : cela dépend de la nature du terrain où elles ont séjourné. Ordinairement, celles qui reposent sur la craie ou dans le sable qui en est mêlé, restent dépourvues de patine. Celles du sable aigre ou gris-blanc en présentent aussi assez peu. Mais celles du sable ferrugineux acquièrent une teinte jaune plus ou moins foncée, selon que le sable est coloré lui-même. Dans l'argile pure, les silex deviennent d'un blanc mat qui rappelle la porcelaine. A Menchecourt, on ne trouve pas de haches dans cette couche, mais à une époque quelconque, ces haches porcelanisées doivent avoir été en contact avec l'argile.

La patine d'un blanc sale ou terreux qui en recouvre d'autres, aurait une origine différente: elle ne proviendrait pas du banc où elles ont été enfouies, mais d'un effet atmosphérique et du long séjour qu'elles ont fait sur la superficie avant d'être ramassées par le torrent et enterrées dans la gangue où on les trouve (1). En effet, sur ces haches d'un blanc douteux, on aperçoit souvent des traces d'un frottement, qui est postérieur à leur enduit. Elles diffèrent aussi de celles que l'on recueille aujourd'hui sur le sol, en ce qu'elles n'offrent pas, comme celles-ci, des taches de rouille provenant du contact d'instruments de fer, socs de charrue, fers de chevaux, etc., preuve que, dans la période antérieure à leur enfouissement, on ne connaissait pas encore l'emploi des métaux ; tandis que celles qui ont séjourné sur ce sol à une époque plus récente, ou depuis la civili-

(1) Il ne faut pas confondre avec la patine une teinte blanchâtre que les silex obtiennent dans un temps assez limité, par l'effet alternatif du soleil et de la pluie. Cette nuance n'est pas une coloration du silex, mais une décoloration qui, peut-être, précède ce vernis que nous avons nommé patine.

sation, sont rarement exemptes de ces taches de rouille.

La patine blanche qui recouvre les haches recueillies sur la superficie et qui leur est commune avec des silex brisés, parmi lesquels elles sont et avec lesquels on les retrouve dans les bancs, annonce toujours, quand cette patine a pénétré dans la pâte ou a acquis, si elle vient de dépôts extérieurs, une certaine épaisseur, un long séjour à l'air. Ainsi, celles que nous trouvons couvertes de ce vernis atmosphérique étaient déjà bien vieilles quand elles furent saisies et entraînées par le torrent diluvien (1).

Qu'on accorde maintenant ceci avec la nouveauté de l'homme et celle des grands pachydermes parmi lesquels reposent ses œuvres, car on ne peut scinder la question : le même cataclysme les apporta, le même terrain les enveloppe, le seul aspect des bancs lève tous les doutes à cet égard. On ne peut donc rajeunir les uns sans rajeunir les autres : si les haches ne sont pas antédiluviennes, ces races éteintes ne le sont pas non plus. Cuvier, revenant au monde, serait bien étonné d'apprendre que son éléphant *primigenius*, son rhinocéros *tichorinus* sont devenus modernes.

Que dirait-on si ces haches étaient bien plus vieilles encore que nous-mêmes n'avons osé le dire? et pourtant la chose est possible. Déjà M. J. Prestwich, le savant

(1) Plusieurs géologues considèrent comme une des preuves matérielles de l'extrême vieillesse des haches du diluvium, les *dendrites* et surtout une couche de carbonate de chaux déposée par sublimation qu'on y retrouve, et qu'on rencontre également sur les cailloux roulés et les silex brisés qui composent, en partie, le terrain. (*Actes du Muséum d'histoire naturelle de Rouen.* Rapport de M. George Pouchet. 1860.)

géologue anglais, a trouvé avec elles, à Menchecourt, entr'autres coquilles fossiles, la *cyrena consobrina* ou *fluminalis,* qui ne vit plus que dans le Nil et quelques autres fleuves (1) ou lacs des pays chauds Or, cette coquille annonce ordinairement la présence de l'*elephas antiquus,* du rhinocéros *leptorinus,* de l'*hippopotamus major,* etc., qui, du moins les deux premiers, ne vivaient aussi que dans les hautes latitudes. Sa présence et son état d'indigénéité dans les Gaules, annonceraient donc d'autres conditions atmosphériques, et conséquemment une suite de révolutions dont on ne peut pas même entrevoir le nombre et la durée.

D'après ceci, il est évident qu'aux inductions qu'on s'efforce de grouper pour démontrer que le diluvium qui contient les haches est un produit récent (2), on pourrait en opposer d'autres, bien autrement puissantes,

(1) Dans le rapport fait par M. J. Prestwich à la Société royale de Londres, dans sa séance du 26 mai 1859 (*Proceeding of the royal Society*, page 5). Après la nomenclature des coquilles fossiles recueillies à Menchecourt par ce géologue, on lit :

White sand.—The author has also found the cyrena consobrina and littorina rudis, with them are associated numerous mammalian remains and, it is said, flient-implements.

(2) Nous n'ignorons pas que la science emploie quelquefois le mot *récent* pour indiquer des faits même très-anciens : par là elle veut dire qu'ils sont postérieurs à la dernière révolution géologique. Cette manière de s'exprimer n'est pas comprise du public qui, par *récent*, entend et ne peut entendre, s'il sait sa langue, qu'un fait *nouveau*, un fait datant de la veille. Lisez le dictionnaire de l'Académie. La science peut inventer des mots nouveaux, mais non changer la signification de ceux qui existent; ce droit n'appartient qu'à l'Académie française.

pour prouver que ces bancs sont antérieurs à la dernière révolution géologique.

S'il était assez facile de fournir des preuves toutes matérielles contre la nouveauté des terrains fossilifères contenant les haches, il l'était moins de démontrer par des faits encore visibles que l'homme non plus n'était pas nouveau sur la terre, et que si les animaux étaient ses aînés, ils l'étaient de peu. Partout où les autres mammifères ont existé, avons-nous dit, l'homme y a pu vivre: dès-lors, on ne voit pas pourquoi il n'y aurait pas vécu, et par quelle singulière exception, quand les analogues de toutes les races existantes aujourd'hui ou les espèces correspondantes peuplaient ce globe, la sienne seule y aurait-elle fait défaut? pourquoi cette lacune dans la chaîne organique? pourquoi cette création tronquée? Point de vide dans l'ensemble des choses, point d'hésitation dans leur marche.

Dans la nature, il n'y a pas plus de catégories incomplètes que de formes boiteuses; on ne connaît pas d'être dont toutes les parties ne s'enchaînent et ne forment équilibre (1); pas d'animal à trois pattes ou n'ayant

(1) Ce que nous disons des êtres, nous le dirons des choses. L'organisation des corps célestes n'est encore que la démonstration de l'équilibre : il n'y a pas plus de mondes que d'êtres sans contrepoids. L'équilibre est la grande loi de l'univers ; il est la base du repos et le principe du mouvement. C'est par lui que tout se forme et se complète : c'est le doigt de Dieu. Lorsque l'équilibre cesse, tout n'est que désordre et confusion, mais son absence est transitoire ; c'est une suspension momentanée de la marche de la nature ou de l'impulsion créatrice qui bientôt reprend le dessus. Telle est le système que nous avons exposé dans notre livre *De la Création* et dans *Hommes et Choses*, t. IV, p. 38 et suiv.

qu'un œil. Or, il en est de même des règnes, des classes, des genres, des espèces : là aussi tout s'harmonie, tout se lie et se pondère ; une race unique n'a jamais peuplé aucune terre; partout ces races se groupent, et, assorties dans leurs inégalités mêmes, elles s'équilibrent par le contraste. Si l'homme manquait à la terre, qui sait ce qu'il adviendrait des autres espèces, et réciproquement.

Depuis que l'histoire nous parle de découvertes de continents nouveaux, en cite-t-elle un seul où l'on n'ait pas trouvé quelques grands quadrupèdes indigènes? En est-il un aussi où la présence de ces espèces n'ait annoncé celle de l'homme? Oui! partout où vivent certains mammifères, les hommes sont, ou ont été. Quand il n'en est pas ainsi, c'est un cas anormal, momentané ou purement local.

Cette double présence de l'homme et des grands herbivores vous sera révélé avant même que vous ayiez aperçu la moindre trace des uns ou des autres ; et, débarqué sur une plage inconnue, en voyant les végétaux qu'elle produit, vous pourrez dire quels sont les êtres qu'elle nourrit.

Remarquez bien que je parle ici d'une terre vierge et étrangère à la civilisation; mais cette terre est vaste, elle est féconde, elle a ses fruits, ses racines, son gibier, elle a de l'eau potable et un climat salubre, enfin elle offre tout ce qui est nécessaire à l'homme et aux animaux qui vivent dans les mêmes conditions que lui : dès-lors elle est habitée par ces races, ou elle l'a été, ou elle le sera (1).

(1) Dans l'état de nature, l'homme, vivant de chasse, fait aux animaux une guerre d'extermination. Cela dure jusqu'au moment

Certaines espèces, par leur taille, deviendront elles-mêmes une indication de l'étendue du pays. Vous ne trouverez jamais des débris d'éléphants dans les couches inférieures d'une île de moyenne dimension. Si vous les y rencontrez et qu'ils n'y aient pas été apportés par la mer, vous êtes assuré que cette île a fait partie de quelque continent. Les dents de mastodontes et d'éléphants, si abondantes sur quelques points de l'Angleterre, prouvent qu'elle n'a pas toujours été une île. Cette masse de débris de grands sauriens ou crocodiles qu'on voit en Normandie sur des points où ils ne peuvent avoir été jetés par les torrents, indique de grands fleuves, de grands lacs, de vastes marais qui ont disparu. Ces squelettes énormes d'hippopotames qu'on trouve encore dans l'Arno, démontrent qu'il fut un temps où cette rivière était, quant

qu'il devient pasteur. Arrivé là, il a compris que l'animal pouvait être autre chose que son ennemi ou sa victime : aussi, lorsque nous remontons dans l'antiquité, nous voyons que l'homme partout où il s'est organisé en société, s'y est groupé avec certaines espèces qui, bientôt, sont devenues sinon membres de la communauté, du moins une de ses nécessités. La domesticité des animaux ou leur association aux travaux de l'homme a donc toujours suivi la civilisation, si elle ne l'a commencée. Tant qu'un peuple n'essaie point de se les attacher, tant qu'il les tue et les dévore sans songer à les utiliser autrement, il restera dans l'enfance et de bien peu supérieur à ces bêtes dont il se nourrit. Il ne faut pas d'ailleurs un temps bien long pour faire d'une famille civilisée une horde sauvage : qu'elle cesse de se livrer à un travail régulier, qu'elle abandonne la charrue, qu'elle renonce aux troupeaux et ne vive que de chasse, à la troisième génération elle différera peu, quant aux mœurs, des Peaux-Rouges et des Nouveaux-Zélandais. Si la marche de la civilisation est lente, le retour vers la barbarie est prompt.

à sa profondeur et à la masse de ses eaux, bien autre qu'elle n'est aujourd'hui.

Par cet accord des espèces entr'elles et de chacune d'elles à la localité (1) et aux ressources qu'elle comporte, on voit que la présence d'une famille, en révélant une autre famille et en même temps les substances végétales ou animales dont l'une et l'autre devaient se nourrir, peut nous guider dans cette revue rétrospective; puis, par le rapprochement des espèces avec lesquelles l'homme vit aujourd'hui et les conditions sans lesquelles ni elles ni lui ne pourraient vivre, nous montrer celles avec qui il vivait autrefois. Des mêmes causes sortent les mêmes effets, le temps n'y fait rien; et quand on trouve leurs traces dans des terrains et des conditions semblables, il n'y a pas plus de raison de croire à la nouveauté de l'homme qu'à l'ancienneté de l'animal. Alors, pour être conséquent, il faut reconnaître qu'ils sont tous deux nouveaux ou qu'ils sont tous deux anciens.

Si vous n'admettez pas ceci, que voyons-nous? — La surface terrestre couverte de toutes ces bêtes, y vivant depuis un temps immémorial comme elles y vivent encore, les unes en se nourrissant de végétaux, les autres en donnant la chasse aux espèces plus faibles. C'est au milieu de cette multitude, reine du sol et s'y disputant

(1) On peut aussi calculer la nature et la température des eaux par les plantes, les coquilles et les êtres de toute espèce qui y vivent ou y ont vécu. On n'a pas fait, à cet égard, assez d'expériences comparatives. Dans un espace assez resserré, on rencontre souvent des eaux très-diverses par leur composition et leur température : c'est une indication qui n'est pas à négliger dans les études géologiques.

la suprématie de la force, que serait tombé l'homme nu, l'homme seul, l'homme enfant! De quelle façon y aurait-il été reçu? — Probablement comme l'est aujourd'hui, par les tigres et les lions, le passant qui s'offre à eux sans défense, et le premier-né de notre espèce eût ainsi cessé d'exister dès son apparition sur la terre.

Puisqu'il n'en a pas été ainsi, c'est que l'homme est né avant les carnivores (1), ou lorsque toutes les créatures, dans leur innocence native, se nourrissaient de fruits et de racines : telle est la version de l'Écriture, et c'est la plus logique, car si l'homme n'est pas né le même jour que les animaux, il est né le lendemain : enfant avec eux, il a crû avec eux, et ils n'ont pas été assez long-temps ses aînés pour qu'ils pussent devenir ses maîtres. Cette contemporanéité que la géologie nous indique, prouvée par la tradition, l'est aussi par le raisonnement.

Mais en admettant même cette innocuité des animaux et supposition faite que l'abondance de la nourriture leur permettait à tous de vivre sans se la disputer, il faut reconnaître que les débuts de l'homme sur cette terre encore mal affermie et dans une atmosphère chargée d'électricité et dès-lors plus sujette aux tempêtes (2),

(1) Si la plupart des races animales sont nées avant l'homme, rien ne prouve qu'aucune ne soit née après. Sans doute nous n'en connaissons pas de nouvelles quant au type, mais nous en pouvons citer plus d'une s'il s'agit des variétés : l'homme, par des croisements, a fait sinon des espèces, du moins des formes nouvelles.

(2) Il existe autour de la terre une zône de corps que nous nommons aérolithes et qui doit, dans l'espace, ressembler à l'anneau de Saturne. Nous voyons, de loin à loin, de ces corps pénétrer dans notre atmosphère et arriver sur la terre. Il est pro-

durent être difficiles et qu'il a eu à subir de longues et de terribles traverses. Ce n'est donc pas d'un seul cataclysme qu'il a été témoin et victime : cruellement éprouvée, notre espèce s'est plus d'une fois trouvée réduite à quelques familles. Il faut bien qu'il en ait été ainsi, car si les générations incessamment fécondes n'avaient pas été retardées dans leur développement, si tous les peuples avaient continué à s'accroître comme la tradition nous l'apprend (1) et comme nous le voyons même aujourd'hui en Chine et dans certaines parties de l'Europe, depuis longtemps la terre n'y aurait pas suffi. Rien n'a donc été plus variable que le chiffre de la population humaine.

On peut dire la même chose de la population animale qui, à mesure que la nôtre s'accroissait, a dû, au moins localement, diminuer dans une proportion équivalente (2).

bable qu'il y en arrivait beaucoup plus dans les premiers âges du globe, et qu'à une profondeur quelconque il en existe des couches épaisses. Peut-être même le centre de la planète n'est-il qu'une immense aérolithe, point attractif qui en attira d'autres.

(1) Aujourd'hui, on se bat pour la gloire. En d'autres temps, on s'est battu pour la nourriture : l'antropophagie n'est qu'une suite de ces guerres de famine. Un peuple affamé se jetait sur un autre peuple, non pour le soumettre, mais pour le manger. Quelque différence de taille ou de forme, quelque nuance de couleur mettaient à l'aise la conscience du vainqueur : il considérait le vaincu comme gibier. Des races humaines ont ainsi disparu.

(2) Nous sommes dans une période où notre espèce, après avoir été plus nombreuse qu'elle ne l'est, puis l'avoir été moins, semble prendre une nouvelle extension ; tandis que c'est le contraire chez tous les autres mammifères. Nonobstant les efforts que nous faisons pour multiplier ceux qui servent à nos besoins, il y a certainement moins de grands quadrupèdes sur la terre qu'il n'y en

L'homme, dès qu'il a été nomade ou seulement dépaysé, s'est fait chasseur, et de frugivore qu'il était comme tous les quadrumanes et comme d'ailleurs l'annoncent quelques parties de sa conformation, il est devenu carnivore. Est-ce par goût ou par nécessité? — C'est par nécessité. Né dans les latitudes chaudes où les fruits et les végétaux propres à sa nourriture se produisaient sans culture et en toute saison, ce n'est pas volontairement qu'il les a quittées pour se répandre dans les pays froids où il ne devait rencontrer que privations, et le départ d'Adam chassé du paradis terrestre nous rappelle les migrations forcées de ses descendants. La bonne harmonie ou la tolérance réciproque entre l'homme et les autres espèces a cessé en même temps que l'abondance. Ces deux populations ont plus d'une fois été déplacées l'une par l'autre : les animaux ont fui devant les hommes devenus nombreux et forts, et ceux-ci, à leur tour, ont dû s'éloigner devant la trop grande multiplication des animaux.

Mais antérieurement à ces conflits entre les deux races, cette Europe, si riche et si peuplée, a été, elle aussi, une vaste solitude ravagée par les torrents ou soulevée par des feux intérieurs. Chacune de ses montagnes était un volcan ou un glacier : inondée ou brûlante, elle ne pouvait nourrir le plus infime des mammifères. Cela a duré

avait. Ceci dure depuis les temps romains. C'est notamment sous les empereurs qu'ont commencé ces grandes tueries de bêtes : ce qu'on en détruisait dans les cirques est incroyable. C'est aussi de ce moment que les dépôts naturels de débris animaux ont cessé de se former. Quant à ceux d'hommes, on n'en a pas encore découvert, ou du moins l'histoire ne le dit pas. Cependant il en existe quelque part : victimes des mêmes révolutions, on doit retrouver leurs ossuaires comme on retrouve ceux des animaux.

bien longtemps. Puis, habitée dès qu'elle a été habitable, elle a pu, à des intervalles plus ou moins longs, cesser de l'être et avoir été rejetée dans le chaos par ces secousses qui en ont, sur bien des points, modifié la surface.

Ces évènements, tout grands qu'ils sont, ne nous semblent pourtant que secondaires si l'on étudie la flore et la faune des temps précédents, car on reconnaît alors qu'elle a eu aussi sa révolution atmosphérique, soit subite et par un mouvement de l'axe (1), soit, ce qui est plus probable, par un refroidissement successif. Mais avant cet abaissement de la température, ces végétaux et ces arbres gigantesques dont les analogues ne se développent que sous le soleil des tropiques, croissaient dans nos campagnes comme aujourd'hui les chênes et les hêtres. Sous leurs ombrages reposaient ces grands carnassiers et ces énormes pachidermes qui, eux non plus, ne pouvaient alors exister que sous un ciel brûlant.

Est-ce dans cette période que vivaient les hommes dont nous retrouvons les œuvres, ou n'ont-ils commencé à y paraître que bien des siècles après et lorsque le

(1) Si l'on admet une période de froid excessif et l'Europe ainsi transformée en un vaste glacier, la fonte des neiges accumulées pendant des siècles a dû, à mesure que la température s'est radoucie et dans ces alternatives de froid et de chaud, amener une suite de déluges ou de torrents dont le volume d'eau et la rapidité variaient selon l'action du soleil. Ceci pourrait expliquer les mouvements de la superficie et même, comme nous le dirons bientôt, l'absence de tout débris organique dans certains bancs. La superposition des couches limoneuses après une forte pluie et les pentes que sillonne l'eau de neiges pendant le dégel, doivent nous présenter en miniature les formations diluviennes : les petits effets nous révèlent souvent de grandes causes et *vice-versâ*.

climat était retombé à la température propre à ces mammouths au pelage rude et épais, à ces ours des cavernes, à ces cerfs gigantesques, espèces éteintes, mais dont nous rencontrons aussi de nombreux débris?

Les hommes contemporains de ces grandes races habitaient-ils les forêts où elles pullulaient, ou peuple vagabond et chasseur, suivaient-ils le gibier dans ses migrations, à peu près comme font encore les sauvages des prairies américaines? Questions difficiles, mais qu'un jour aussi on saura résoudre.

Quittant un instant ces bancs diluviens, si nous abordons une période moins ancienne et si nous revenons à ces dépôts végétaux, ces tourbières de la Somme qui, avons-nous dit, s'étendent jusque sous la Manche, dans cette tourbe aussi nous retrouvons des masses d'ossements. Mais une nouvelle modification s'est opérée dans le sol et dans le climat, la nature a pris une autre face, toutes les anciennes espèces ont disparu : plus d'éléphants, plus de grands carnassiers, plus de rhinocéros, mais des cerfs, des bœufs autres que ceux du diluvium, des sangliers, des bufles, des castors, etc., entourés de végétaux semblables à ceux qu'on voit encore. La température, depuis ce temps qui a dû précéder de peu l'âge historique, n'a donc pas changé.

Comme leurs prédécesseurs, ces peuples étaient chasseurs. Que pouvaient-ils être, et de quoi auraient-ils vécu? L'absence de débris d'animaux domestiques annonce qu'ils n'étaient point pasteurs. — Laboureurs? — Comment l'était-on avant la charrue ou sans le fer de son soc? Nul instrument d'agriculture n'indique qu'ils cultivaient la terre : dès-lors ils ne pouvaient vivre que de chair.

Ce sont ces hommes, dont les anciennes tourbières, par ces vases d'une pâte grossière, ces haches, ces couteaux de silex, ces os et bois de cerfs taillés en gaînes, en outils, nous indiquent les arts, les mœurs et l'état social; ce sont ces hommes enfin qui, de siècle en siècle, de génération en génération, sous le nom de Celtes, seraient arrivés jusqu'aux Gaulois dont ils auraient été sinon les pères, du moins les prédécesseurs (1) et le lien rattachant les temps historiques aux temps diluviens.

En suivant cette longue succession de peuples divers séparés par des âges de solitude, en examinant surtout cette surface bouleversée et rendue stérile, puis restaurée et redevenant fertile sous des alluvions cent fois centenaires, qui voudra croire encore à la nouveauté de l'homme et du sol qu'a foulé son pied?

Si j'ai tant insisté sur cette question d'ancienneté à laquelle aurait répondu sans moi et mieux que moi ce sol si on l'avait interrogé, c'est que là était la solution du problème: on hésitait à croire à l'homme antédiluvien,

(1) Lorsque dans le diluvium on rencontre tant de débris animaux, quand dans la tourbe on en trouve plus encore, on se demande toujours ce que sont devenus ceux des hommes; car, remarquez-le bien, dans les tourbières, malgré cette puissance conservatrice que n'a pas toujours le diluvium, les os humains sont presqu'aussi rares, et en vingt ans, après avoir visité bien des tourbières et examiné des milliers d'os, il ne m'est arrivé que trois à quatre fois d'en trouver qu'on pouvait reconnaître pour des restes humains. Il faut en conclure que ces tribus celtiques ne faisaient que traverser le pays, et que si elles y brûlaient leurs morts et y déposaient leurs cendres, c'est qu'il y avait là des lieux consacrés aux dieux et aux mânes et qui leur servaient de point d'arrêt ou de rendez-vous de guerre ou de chasse.

ou si l'on y croyait, on ne voulait pas qu'il eût eu ses arts et son industrie. Quand on admettait qu'il avait vécu et dès-lors que sa vie devait avoir laissé des traces, on niait que ces traces ou ces œuvres eussent pu parvenir jusqu'à nous : entre elles et nous on jetait le néant des siècles : on oubliait que les siècles n'anéantissent rien, que la matière est aussi immortelle que l'esprit, que dans des milliers de siècles il n'y en aura pas un atome de moins. Sans doute les œuvres qui en sont faites s'altèrent, se décomposent, se modifient ou se déplacent, mais qui peut limiter la durée de certains corps inertes ? Il en est sur notre globe qui, émanés d'ailleurs, sont peut-être plus anciens que lui, plus anciens que le soleil, et qui, aînés du monde, seront encore quand ce soleil ne sera plus.

Mais ne nous arrêtant qu'à ce qui est là sous nos yeux, lorsque dans d'autres bancs bien plus vieux encore que notre diluvium, cette fragile coquille de l'époque secondaire a conservé sa couleur ; quand un peu plus loin nous rencontrons l'empreinte de cette mousse si tenue, si délicate, et jusqu'à celle de l'insecte microscopique qui s'y reposa, nous regardons ceci comme tout simple. Et puis nous allons nous étonner devant l'œuvre dont quelques centaines de siècles nous séparent, quand cette œuvre est faite d'une des substances les plus dures que la nature nous offre, et lorsqu'immobilisée depuis ces centaines de siècles, cette œuvre s'est trouvée, par sa position, à l'abri des effets de l'atmosphère et du mouvement des eaux. Dans cette situation, elle pourrait durer mille siècles encore. Il n'y avait donc rien d'impossible ni même d'imprévu dans sa découverte, et nous n'avons rien trouvé de plus que ce qu'aurait trouvé, comme nous, le premier curieux qui se serait donné la peine de le chercher. Ne nous obstinons donc pas à soutenir cette nouveauté de notre monde que dément le seul aspect de son enveloppe. Oui, nous sommes dans l'enfance de la terre, si nous comparons la vie à l'éternité; mais l'infini ne peut pas ici servir de terme de comparaison : dans ce qui ne commence ni ne finit, il ne peut y avoir ni jeunesse ni vieillesse (1).

Là ne se bornent pas les objections : après les systèmes de rajeunissement viennent les théories les plus bizarres sur la formation de ces haches et leur introduction dans les bancs. Ici on explique une chose surprenante par des raisons plus surprenantes encore. Les uns veulent que ces haches soient le produit du feu; qu'élaborées dans la fournaise d'un volcan, elles aient été lancées liquides dans l'espace, et que c'est en retombant dans l'eau qu'elles ont pris cette forme de larmes.

D'autres ont fait intervenir le froid ; ils ont voulu que, frappés par la gelée, les silex se fussent fendus, de ma-

(1) Le temps, c'est le vide, c'est le néant : les faits seuls sont réels. Ce n'est pas le temps qui nous vieillit, ce sont les faits qui s'éloignent. Jalons du souvenir, ces faits font les âges. Il faut donc deux faits au moins pour établir une période : l'un la commence, l'autre la finit. Le temps, c'est le vide qui les sépare ; la durée n'est encore que le temps jalonné par les faits ou par les sensations. La sensation isolée ne saurait non plus servir de mesure. Absorbés dans une sensation unique, nous n'aurions aucune idée de la durée ni la conscience de nous-mêmes. Nous ne sentons l'existence que par les contrastes ou l'inégalité des chocs et par la diversité des pensées que ces contrastes éveillent.

Nous avons présenté ailleurs cette question du *temps*. Voir : *De la Création, essai sur la progression des êtres*, tome IV.

nière à former des couteaux et à dessiner des haches (1).

Quant à l'introduction dans les bancs, on a dit d'abord qu'elle était le fait des ouvriers. — Mais pour introduire des haches dans un banc, il faut en trouver dans un autre, ou bien en faire. — En faire n'est pas facile : les haches du diluvium portent un cachet qui ne s'imite pas. Pour en avoir sans les faire, il fallait en aller chercher : mais où ? Celles des tourbières eussent été immédiatement reconnues.

Ensuite on a voulu que ces haches se soient introduites toutes seules et que, posées sur la superficie, elles soient descendues par leur propre poids jusqu'au point où on les trouve, c'est-à-dire à huit, neuf et jusqu'à douze mètres de cette superficie. Cette infiltration serait possible dans un terrain mou ou spongieux, comme est souvent la tourbe, mais il suffit d'avoir vu un banc de diluvium pour reconnaître qu'elle y est impossible : ce terrain est souvent si dur qu'il résiste à la pioche. D'ailleurs, disposé par couches horizontales, toute introduction venant de haut en bas, en dessinant une ligne perpendiculaire, devient immédiatement visible. Ces lignes se rencontrent quelquefois : ce sont non des infiltrations, mais des éboulements. Or, ce n'est pas dans ces éboulements où domine ordinairement la terre végétale, qu'on recueille les haches et les fossiles.

Ajoutons que si ces haches venaient de la surface, on en trouverait à toutes les profondeurs et dans toutes les couches, et nous avons dit que c'est dans la couche la plus profonde qu'on les rencontre. La couche immédia-

(1) Ces singulières théories ont été publiées dans le *Times* et quelques autres journaux.

tement au-dessus en présente aussi quelquefois; mais les couches supérieures n'en offrent jamais.

Si toutes les objections eussent été comme celles-ci, il n'y aurait pas eu à s'en préoccuper; ce qui me semblait pis dix fois que les critiques, c'était ce refus obstiné d'aller au fait, et ces mots: *c'est impossible,* prononcés avant de voir si cela était. Enfin plus d'une année s'était écoulée que la question n'avait pas fait un pas: elle paraissait plutôt avoir reculé, et dans les assises scientifiques de Laon tout avait été remis en doute. Les attaques y avaient même été si vives, que j'y dus faire une réponse, qui fut insérée dans le *Bulletin de la Société des Antiquaires de Picardie* (1).

Cette réponse serait restée inaperçue si le savant docteur Falconer, vice-président de la Société Géologique de Londres, étant passé à Abbeville, n'eut eu l'idée de visiter ma collection. Il n'avait pas cru à mon livre, à ses descriptions, à ses dessins: il crut aux objets mêmes.

A son retour en Angleterre, il le dit à la Société Géologique, et M. Joseph Prestwich, accompagné de M. John Evans, membres de la même Société, vinrent à Abbeville, le 26 avril 1859.

A leur arrivée, ces messieurs ne me cachèrent pas qu'ils avaient des préventions très-grandes sur la portée de mes découvertes, et qu'ils craignaient que je ne me fusse trompé sur l'âge et la nature du terrain. D'ailleurs, très au fait de l'état de la question, ils n'avaient rien négligé pour en préparer la solution, et, après avoir pris quelques renseignements locaux, ils se rendirent

(1) *Réponse à MM. les antiquaires et géologues présents aux assises archéologiques de Laon.* Brochure in-8°. Amiens, 1859.

sur les bancs et visitèrent successivement tous ceux d'Abbeville et d'Amiens.

Les résultats furent ce qu'ils devaient être. Après une vérification approfondie, ils virent ce que j'avais vu, ils trouvèrent ce que j'avais trouvé, et M. Prestwich, heureux de revenir sur sa première opinion, reconnut hautement, ainsi que M. Evans, que j'avais raison.

C'est cette enquête que vous avez constatée dans votre séance du 23 juin 1859, par un procès-verbal inséré dans vos registres.

Dès qu'il fut rentré à Londres, M. Prestwich fit à la Société royale (1) et à celle de géologie le rapport de son voyage. Immédiatement répété par les journaux de Londres, ce récit eut un grand retentissement en Angleterre.

Cependant l'exposé de MM. Joseph Prestwich et J. Evans trouva aussi des contradicteurs. Pour lever tous les doutes, ils désirèrent une contre-vérification, et, le 29 mai 1859, accompagnés de trois autres membres des Sociétés Royale et Géologique de Londres, MM. R. Godwin-Austen, J.-W. Flower, R.-W. Mylne, tous hommes connus dans les sciences, ils recommencèrent leur examen à Abbeville et Amiens, ouvrirent d'autres tranchées, firent de nouvelles fouilles, et à ces études employèrent plusieurs jours.

Les résultats ne furent pas moins concluants que les premiers. Ces messieurs retirèrent eux-mêmes, des

(1) *Procedings of the royal Society from may* 29, 1859.

Voici le titre de ce mémoire :

On the occurence of flint-implements associated with the Remains of extinct mammalia, in undisturbed Beds of a late geological period. By Joseph Prestwich, esq.

bancs ouverts devant eux, de beaux échantillons d'ossements fossiles et des haches nettement travaillées. Ces faits furent, comme les premiers, constatés par des rapports circonstanciés, lus aux sociétés précitées et publiés dans le *Times* (1).

Le chef de l'école géologique d'Angleterre, sir Charles Lyell, dont l'ouvrage célèbre, *Principes of geology*, est à sa dixième édition, ne pouvait pas laisser passer cette question sans émettre son avis. Cet avis était pour moi d'une haute importance. Le 26 juillet 1859, il arriva à Amiens et le lendemain à Abbeville. Comme les savants qui l'avaient précédé, il reconnut l'ancienneté géologique des bancs, leur état vierge, la présence de l'éléphant fossile et celle des silex taillés.

Il rendit compte de ce voyage dans un discours qui fut prononcé en septembre dernier à Aberdeen, dans le vingt-neuvième meeting de l'Association britannique, en présence du prince Albert qui venait d'en être élu président. Ce discours, publié par les journaux d'Écosse et répété par le *Times* du 19 septembre 1859, fut reproduit dans les journaux français.

D'après M. Lyell, ces bancs seraient formés de dépôts successifs produits par de très-anciennes rivières n'existant plus aujourd'hui. Or, comme les bancs de Saint-Acheul, Saint-Gilles, Moulin-Quignon, etc., s'élèvent jusqu'à trente-trois mètres au-dessus du niveau de la Somme, on peut juger quelle série de siècles cette succession de couches représente.

Cependant à la suite d'un de ses voyages à Abbeville,

(1) Voir les n[os] du *Times* des 9, 19 septembre 1859, et des 18 novembre, 1er, 3, 5 et 9 décembre, même année.

M. Prestwich, sur le regret que j'avais exprimé qu'on n'eut encore exploré aucun des bancs de diluvium d'Angleterre (1), eut la pensée d'aller visiter un terrain situé à Hoxne en Suffolk, où, d'après une note de M. Frère, archéologue habitant le pays, on avait découvert autrefois des pierres qui semblaient taillées, ainsi que des os d'un animal inconnu qui, malheureusement, n'avaient pas été conservés et dès-lors dont l'espèce et le plus ou moins d'ancienneté n'avaient pu être constatés.

Rendu sur les lieux, M. Prestwich reconnut, à la première vue, que ce terrain, exploité depuis longtemps pour faire des briques, était analogue à ceux d'Abbeville et d'Amiens. Il apprit des ouvriers qu'on y rencontrait fréquemment des os avec des pierres d'une forme singulière, mais qu'aujourd'hui ils en trouvaient moins. Comme ils ne les ramassaient pas, ils ne purent lui en présenter; mais y ayant fait fouiller immédiatement, il en recueillit lui-même à plusieurs mètres de profondeur dans un sable vierge.

Ces haches, dont il me montra une, ne différaient en rien de celles de nos bancs et se trouvaient, comme elles, entourées de débris fossiles.

Cette découverte, due à une circonstance fortuite et à la perspicacité de M. Prestwich, était importante et ne pouvait manquer de jeter un jour nouveau sur la question; elle détruisait cette objection qu'on m'avait si

(1) Dès l'année 1848, j'avais envoyé à la Société archéologique d'Angleterre une suite d'échantillons de haches antédiluviennes, en demandant qu'on fît quelques recherches autour de Londres dans les bancs analogues à ceux d'Abbeville. Voir *Proceedings of the british archeological association*, séance du 25 avril 1849, et *The literary gazette*, Londres, 28 avril 1849.

souvent faite : pourquoi ne voit-on de vos haches qu'à Abbeville et à Amiens ?

Quelques-uns même ajoutaient : comment se fait-il que ces haches que, selon vous, on doit trouver partout, il n'y ait que vous qui les trouviez ?

En effet, avant les recherches faites à Amiens en 1853 par le docteur Rigollot, personne, pas même les ouvriers, n'en avaient aperçu une seule, même à Saint-Acheul, où elles ne sont pas rares.

C'est aussi ce qui était arrivé à ceux d'Abbeville, quinze ans avant : ils n'en virent que lorsque je leur appris à en voir. Il en est encore ainsi des nouveaux terrassiers, qui ne les découvrent que du jour où ils ont intérêt à le faire.

Toujours infatigable, M. Prestwich fit à Abbeville et à Amiens une troisième excursion ; il étudia non seulement les bancs, mais la vallée entière. C'est à la suite de ce dernier voyage qu'il lut à la Société Royale (1) un nouveau rapport où il s'exprime ainsi :

« La non existence de l'homme sur la terre jusqu'après « les derniers changements géologiques et l'extinction « des mammouths et autres mammifères gigantesques, « était presque considérée comme une chose manifeste « et un fait établi. Mais maintenant cet article de foi de « la science doit être révisé, et voici des instruments « trouvés de main d'homme, découverts dans les pro- « fondeurs du globe. »

M. Prestwich, rectifiant les faits en conséquences, prend les conclusions suivantes :

(1) Voir les journaux anglais du mois de septembre 1859, notamment le *Gateshead observer* du 10

1° *Les instruments en silex sont l'œuvre des hommes;*

2° *Ils ont été trouvés dans des terrains vierges;*

3° *Ils étaient joints à des débris de races éteintes;*

4° *Cette période était une des dernières des temps géologiques et antérieurs au temps où la surface de la terre avait reçu sa configuration actuelle* (1).

Mon procès était gagné en Angleterre, comme il l'avait été en Amérique, grâce aux publications de MM. L. Agassiz, W. Usher, H.-S. Patterson (2); mais il fallait le gagner en France. Plusieurs difficultés étaient aplanies : M. I. Geoffroy Saint-Hilaire qui, depuis plusieurs années, avait cru à mes découvertes, et qui, plus hardi que d'autres professeurs, n'avait pas craint de les citer dans ses cours, demanda que, de son côté, Paris fît une vérification. M. Albert Gaudry, naturaliste attaché au Muséum d'histoire naturelle et déjà connu par des travaux paléontologiques fort estimés, fut désigné. Ce jeune savant se rendit donc le 7 août 1859 à Amiens et le 9 à

(1) Aux noms des savants anglais déjà cités qui, dans ces derniers temps, ont contribué à répandre du jour sur cette question, nous devons ajouter ceux du révérend A. Hume, de Liverpool; de MM. Ch. Roach Smith, l'auteur de *Collectanea antiqua;* Miles Gerald Keon, sous-gouverneur des Bermudes; James Wyatt, dont on a remarqué les articles dans les journaux anglais de 1859 et 1860; T.-Y. Akerman, Clarkson Neale, Alfred Dunkin, James Yates, John Thurnam, W.-M. Wylie, Warne, H.-C. Sorby. Je dois aussi des remercîments à M. Ferguson qui, par des traductions aussi élégantes que fidèles des articles anglais, a grandement contribué, en 1859 et 1860, à populariser en France cette grande question géologique.

(2) Voyez *Types of mankind,* by j. c. Nott and geo. R. Gliddon, pages 327 à 373. Philadelphie, 1854.

Abbeville Là, après avoir fouillé et analysé le terrain, l'avoir reconnu non remanié et avoir extrait lui-même neuf haches de la roche où elles étaient engagées parmi des ossements fossiles, il fit à l'Académie des sciences un rapport qui y fut lu dans la séance du 3 octobre 1859, et dont voici les conclusions :

1° Nos pères ont été contemporains du *rhinoceros tichorinus,* de l'*hippopotamus major,* de l'*elephas primigenius,* du *cervus somonensis,* d'un grand bœuf, etc., toutes espèces aujourd'hui détruites ;

2° Le terrain nommé *diluvium* par les géologues, a été formé (au moins en partie) après l'apparition de l'homme. La formation a, sans doute, été le résultat du grand cataclysme resté dans les traditions du genre humain (1).

A cette même époque, M. George Pouchet, de Rouen, auteur d'un ouvrage sur les races humaines, est aussi venu visiter les bancs d'Amiens, d'où il a extrait lui-même une hache, après avoir constaté par une vérification minutieuse leur état vierge, vérification dont il adressa le rapport à l'Institut le 7 octobre 1859 (2).

(1) Voir le *Journal de l'Institut,* Ire section : Science mathématique, physique et naturelle. N° 1,544. 5 octobre 1859.

(2) Tous ces faits sont relatés dans une brochure intitulée : *Extrait des Actes du muséum d'histoire naturelle de Rouen,* 1860. *Excursion aux carrières de Saint-Acheul,* par George Pouchet.

Une erreur s'est glissée dans cette brochure, page 42 ; il y est dit que le premier volume des *Antiquités celtiques et antédiluviennes* avait été imprimé en 1849. Cette impression était commencée dès 1844, et le premier volume paraissait à la fin de 1846 sous le titre : *De l'industrie primitive ou des arts à leur origine.* Ce fut en 1847 que le titre fut changé. Voyez *Comptes-rendus de*

La vérité allait donc aussi se faire jour en France. M. de Saulcy, le savant antiquaire, l'écrivain élégant, le voyageur intrépide, qui d'abord s'était, comme tout le monde, prononcé contre mon livre, revenant sur son premier avis, proclama courageusement dans l'*Opinion nationale* du 11 septembre 1849, qu'il s'était trompé : que la présence des œuvres de l'homme dans le diluvium, que l'existence de cet homme dans les mêmes temps et les mêmes lieux que les grands mammifères d'espèces aujourd'hui éteintes, étaient des faits incontestables, que l'homme antédiluvien était enfin découvert, et que j'étais l'auteur de cette découverte.

Dans la *Revue des Deux-Mondes,* nº du 1er mars 1858, tome XIVe, pages 15 et suivantes, M. E. Littré, de l'Institut, avait cité mes recherches et présenté les faits avec une impartialité de bon augure. Sil n'était pas entièrement convaincu, il ne demandait pas mieux de l'être. Il attendait de nouvelles preuves qui, ajoutait-il, ne devaient pas tarder à paraître. La prévision était juste (1).

Dans le nº de novembre 1859, tome XXIV de cette même revue, pages 115 et 116, un autre membre éminent

l'Académie des sciences, tome XXI, page 355, séance du 17 août 1846. Les évènements politiques de 1848 firent oublier l'ouvrage ; un nouveau prospectus, imprimé en 1849, le rappela au public : de là l'erreur.

(1) Parmi les personnes qui se sont occupées de cette question, je dois citer M. Ed. Hébert, directeur des études scientifiques de l'école normale, qui, en 1853, était avec M. Rigollot quand il vint visiter les bancs d'Abbeville et ma collection; MM. Victor Simon; Ed. Lambert ; Hyp. Boyer ; de Caumont ; Vapereau ; Vte de Pibrac ; M. Henri Martin, le grand historien, et M. Geffroy son digne émule.

de l'Académie des sciences, M Alfred Maury, qui, lui aussi, avait figuré parmi les incrédules, équitable comme l'avait été M. de Saulcy, après avoir résumé la question et rappelé que les bancs où l'on trouve ces traces de la main humaine, sont de plus de cent pieds au-dessus du niveau de la Somme et que leur état vierge a été parfaitement constaté, conclut par ces mots :

« Ainsi les doutes qu'élevaient la plupart des géologistes sur l'exactitude des observations de M. Boucher de Perthes, sont enfin levés : l'homme a laissé la preuve de son existence à une époque dont l'antiquité ne saurait encore être calculée, mais qui dépasse toutes les prévisions et contredit même les inductions historiques. Ces haches n'ont pu être transportées de loin, car leurs tranchants sont à peine émoussés. Elles dénotent un état bien primitif de la société humaine, un âge où notre espèce ignorait l'emploi des métaux. L'homme a donc habité l'Europe en même temps que les énormes pachydermes et les grands ruminants qui ont disparu à la suite des dernières révolutions du globe. » (1).

Mon collègue et ami, M. Charles des Moulins, président de la Société Linnéenne de Bordeaux, dont les mémoires sur les sciences naturelles et archéologiques sont si estimés, s'était également prononcé contre la présence des ouvrages d'hommes dans le diluvium. Mais depuis les dernières découvertes, dans un rapport à l'Académie de Bordeaux, modifiant son opinion, sans

(1) Trois articles non moins explicites de M. Victor Meunier, l'éloquent rédacteur de la partie scientifique du *Siècle*, ont paru dans les n^os^ de ce journal des 15 février, 6 mars et 15 juin 1860, et dans la revue qu'il dirige, *Grands hommes et grandes choses*.

toutefois adopter complètement la mienne, il a conclu à la contemporanéité de notre espèce avec les grands pachydermes antédiluviens.

Dans les n^{os} de la *Bibliothèque universelle,* de décembre 1859 et mars 1860, M. F.-J. Pictet, de Genève, traite en détail la question, avec cette supériorité ordinaire à cet habile professeur. Ses conclusions sont les mêmes que les précédentes, et les géologues et archéologues genèvois admettent également l'homme antédiluvien (1).

(1) J'ai trouvé le même assentiment chez plusieurs autres savants et littérateurs suisses, dont les noms sont bien connus : M. le baron de Bonstetten de Thoune ; MM. Ch.-Lh. Gaudin, de Lausanne ; Marcou, du Jura ; docteur F. Keller, de Zurich ; A. Kehler, de Porentruy ; le commandant Scholl, de Bienne ; le colonel Schwab, qui m'ont facilité l'étude des antiquités lacustres de leur pays.— A Philadelphie, M. W. F. Kintzing m'a aussi parfaitement secondé.

Dans cette nomenclature, je ne dois pas oublier mes amis d'Italie, car la confraternité des sciences est devenue universelle. Je commencerai par le comte Gilbert Borromeo, l'aîné de cette noble famille qui, de génération en génération, s'est distinguée par sa science et son patriotisme ; puis le digne abbé Gatti, directeur de la bibliothèque ambroisienne de Milan, fondée aussi par un Borromeo ; M. Sismondo, de Turin ; l'abbé Isnardi, recteur de l'Université de Gênes, dont les conseils ne m'ont jamais fait faute ; un autre savant génois, le marquis Laurent Pareto, auteur d'un bon ouvrage géologique ; mon respectable ami le marquis Georgio Pallavicino Trivulce, dont le courage et le dévouement à la cause de l'Italie sont devenus historiques ; le marquis Ridolfi, de Florence, bien connu aussi par son savoir, son amour du progrès et ses grands travaux agronomiques.

Au nord, je citerai des noms également européens. Je commencerai par un témoignage de haute sympathie à l'un des hommes les plus lettrés de l'Europe, tout prince impérial qu'il soit, et dont

Cette conviction, devenue presque unanime, des géologues américains, anglais, belges, suisses, italiens, et de la grande majorité de nos compatriotes, devait entraîner celle de l'Académie des sciences. J'ai dit que depuis longtemps M. Geoffroy Saint-Hilaire avait adopté mes croyances. Dès 1858, il m'avait donné, avec M. de Quatrefages, son confrère à l'Institut, rendez-vous à Abbeville pour visiter les bancs de cet arrondissement. Malheureusement, j'étais indisposé, et il fallut remettre ce voyage au mois suivant. Des travaux importants

je n'oublierai jamais le bon accueil et les savants entretiens quand, traversant avec lui la Baltique, je voyageais de Stettin à Saint-Pétersbourg, S. A. I. le duc Pierre d'Oldembourg.

En Pologne, j'ai rencontré la même bienveillance dans l'aimable et savant directeur des musées impériaux, M. Jarocki na Jaroczini.

En Danemark, je rappellerai des noms que n'ignore aucun géologue, aucun archéologue, enfin nul de ceux qui ont étudié l'histoire, MM. Thomsen, Rafn, Vorsaaé, de Copenhague. Je n'affirmerai pas qu'ils aient adopté mes opinions géologiques, mais je ne les en remercie pas moins de m'avoir aidé de leurs lumières.

En Suède, le comte Oxenstiern, de Stockolm; le professeur Retzius, le docteur Daniel Sodelberg, de Wisby.

A Berlin, le conseiller Perhz, le colonel de Ledebur, m'ont aussi gracieusement secondé lorsque j'ai visité les musées de cette capitale et m'ont donné des renseignements bien utiles. Il en fut de même à Munich, du naturaliste voyageur de Martius. A Vienne, de feu mon ami le baron de Hammer qui, nonobstant son grand âge, est venu en 1855 me rendre ma visite à Abbeville; du maréchal de Fiquelmont; du savant bibliothécaire M. Wolf. En Belgique, de M. Quetelet, dont le nom est également connu de tous; du professeur Spring, du vicomte de Kerchove, etc. Ici encore je n'assure pas que tous ces savants partagent toutes mes doctrines; je les cite seulement pour leur parfaite obligeance quand j'ai fait appel à leur savoir.

retinrent à Paris M. Geoffroy Saint-Hilaire et M. de Quatrefages fut chargé dans le midi d'une mission qui l'y retint longtemps; mais le 5 avril 1860, accompagné du docteur Jacquart, M. de Quatrefages put se rendre à Abbeville.

Ces messieurs examinèrent ma collection; ils étudièrent les gissements diluviens avec un soin scrupuleux, et leur opinion fut aussitôt fixée.

Le 12 du même mois, M. Lartet, a qui la pantéologie doit tant, et qui déjà m'avait témoigné l'intérêt qu'il prenait à mes recherches, vint avec M. Edouard Collomb, du Muséum d'histoire naturelle, faire la même vérification.

Le 16, M. Joseph Prestwich visita Abbeville et ses bancs pour la quatrième fois; il était accompagné de M. George Busk, du capitaine Douglas-Galton et de M. John Lubbock (1), qu'attirait aussi l'étude des gissements tertiaires et quartenaires de notre vallée.

Le 19, M. de Verneuil et sir Roderich Murchison, dont les vastes travaux géologiques ont rendu les noms célébres, m'ont aussi honoré de leur visite, et le temps qu'ils ont passé à Abbeville n'a pas été perdu pour la science (2).

(1) M. John Lubbock est connu par de bons mémoires sur l'entomologie.

(2) Depuis sont aussi venus à Abbeville et à Amiens pour y étudier cette même question, le major Bennigsen-Forder, géologue prussien; M. Alphonse Favre, professeur de géologie de l'Académie de Genève; M. d'Otreppe de Bouvette, président de l'Institut archéologique de Liége. Enfin, sir Charles Lyell s'y est rendu une seconde fois; il a séjourné dans l'arrondissement dont il a étudié toutes les parties ayant rapport à la question et a porté ses in-

Le rapport fait à son retour d'Abbeville, par M. Albert Gaudry à l'Académie des sciences, dans sa séance du 3 octobre 1859, et ses conclusions, ne donnèrent lieu à aucune observation; mais l'Académie, en les adoptant et en les insérant dans ses comptes-rendus, avait omis de parler des faits qui avaient précédé les vérifications du jeune professeur délégué. Il réclama contre cette omission, et, dans sa séance du 24 octobre 1859, elle a fait droit à sa réclamation. L'extrait du compte-rendu de cette séance est inséré tome XLIX, page 581 des registres de l'Institut (1). Mon livre des

vestigations jusque dans la Seine-Inférieure, et de là s'est rendu à Amiens pour y compléter son travail.

A la même époque, nous avons vu M. H.-D. Rogers, professeur à l'Université de Glascow. Né Américain, c'est par une érudition hors ligne et un exemple bien rare que M. Rogers est devenu professeur d'une université anglaise.

(1) Voici la reproduction textuelle de cet extrait :

« M. Boucher de Perthes communique à l'Académie une suite de silex taillés, provenant des fouilles faites à Abbeville et faisant partie de la collection qu'il a formée depuis vingt ans, en vue d'établir l'existence de l'homme à une époque contemporaine de la formation des bancs diluviens de la Somme. De semblables objets, également trouvés par M. Boucher de Perthes, avaient déjà été présentés à l'Académie par M. Geoffroy-Saint-Hilaire en mai 1858.—Voir les *Comptes-rendus de l'Académie*, t. XLVI, p. 903.

« Dans une note adressée en même temps que ces objets, M. Boucher de Perthes rappelle les vues qui l'ont dirigé dans ses longues recherches, et les diverses vérifications des résultats annoncés par lui, qui viennent d'être faites par plusieurs géologues et naturalistes français et anglais. Parmi ces derniers, MM. Prestwich, C. Lyell et d'autres membres de la Socité royale et de la Société géologique de Londres, après quatre vérifications indé-

Antiquités antédiluviennes cesse donc d'être mis à l'index de la science, et maintenant, Messieurs, vous pouvez y croire, sans cesser d'être orthodoxe. Je ne m'étais donc pas trop avancé en vous disant que mon procès

pendantes les unes des autres et faites sur la plus grande échelle, ont pleinement reconnu la vérité des faits annoncés par M. Boucher de Perthes.

« M. Prestwich, à son retour d'Abbeville, ayant fait fouiller à Hoxne en Suffolk, des bancs analogues, y a trouvé aussi des silex taillés associés à des ossemens fossiles d'éléphants, et il y a tout lieu de croire que l'attention des géologues étant maintenant fixée sur les faits de cet ordre, ils ne tarderont pas à se multiplier dans la science.

« M. Élie de Beaumont annonce que de son côté il a reçu une lettre de M. Boucher de Perthes, dans laquelle le savant auteur des *Antiquités celtiques et antédiluviennes* lui exprime son regret de ce qu'on n'a mentionné ni son nom ni son livre dans les communications insérées dernièrement dans les *Comptes-rendus* relativement aux haches en silex découvertes dans les terrains meubles de la vallée de la Somme.

« M. le secrétaire perpétuel rappelle à ce sujet que le mémoire lu par M. Albert Gaudry, dans la séance du 3 octobre dernier, renfermait un paragraphe relatif aux haches en silex trouvées a Abbeville, dans lequel le nom et l'ouvrage de M. Boucher de Perthes étaient mentionnés, ainsi que la justice l'exigeait. La nécessité d'abréger, pour le compte-rendu, l'extrait de ce mémoire, l'a fait réduire à ce qui se rapportait à son objet principal, c'est-à-dire aux fouilles faites près d'Amiens. Le paragraphe relatif aux haches d'Abbeville a été omis comme étant moins nouveau, en ce qu'il ne faisait que confirmer les faits annoncés, il y a treize ans, par M. Boucher de Perthes, faits bien connus de l'Académie, et mentionnés en même temps que son ouvrage *De l'industrie primitive* ou des *Antiquités celtiques et antédiluviennes,* dans plusieurs endroits des *Comptes-rendus,* et particulièrement t. XXIII, p. 355

était gagné (1). Mais il en est un autre qui ne l'est pas encore. On a reconnu que l'homme antédiluvien avait existé ; on ne met plus en doute qu'il n'ait fabriqué des haches, des couteaux, des pointes de flèches ou de lances. Or, s'il a fait ces choses, pourquoi n'en aurait-il pu faire d'autres ; et s'il l'a pu, comment ne

(séance du 17 août 1846) ; t. XXIII, p. 527 et 1040 ; t. XXIV, p. 1062 ; t. XXV, p. 127 et 223, et t. XLVI, p. 903 (séance du 10 mai 1858).

« Le retranchement du paragraphe relatif aux motifs qui avaient porté M. Gaudry à chercher dans le diluvium des produits de l'art humain, était au fond un hommage tacite rendu aux droits de priorité si notoires de M. Boucher de Perthes; mais M. le secrétaire l'aurait laissé subsister, s'il avait pensé un seul instant que cette abréviation eût pu causer le moindre regret à un savant dont il honore également les travaux et le caractère. »

(1) Sur plusieurs points de la France, des fouilles exécutées par des géologues ont confirmé cette prédiction de l'auteur, qu'on trouverait des traces de l'homme dans tous les bancs ossifères où l'on en chercherait. On en a trouvé en effet, avec des os d'éléphant, à Creil ; on en a trouvé aussi dans un département du midi. Mais la découverte la plus saillante est celle qui a été faite à Paris par M. H.-J. Gosse, de Genève ; en voici le rapport qui a été lu à l'Académie des sciences, dans la séance du 30 avril 1860 :

« Dans son remarquable ouvrage sur les *Antiquités celtiques et antédiluviennes*, M. Boucher de Perthes dit (t. II, p. 123) : « Si l'on « veut avoir un aperçu des sablières de Menchecourt, on visitera « celles qui sont à Paris, derrière le Champ-de-Mars, allée de la « Motte-Piquet; elles sont d'une nature et d'un aspect identiques... « Si j'avais pu y continuer mes recherches, j'y aurais certainement « trouvé des silex ouvrés... » Plus loin il ajoute (p. 495) : « qu'il « a trouvé au Vésinet un silex portant quelques traces de travail « humain, mais trop peu caractérisées pour faire preuve. »

« Vivement intéressé par les découvertes de M. Boucher de

l'aurait-il pas fait? Cet homme primitif avait comme nous une femme, des enfants, un ménage. Dans un ménage, il ne suffit pas d'avoir des haches, des lances, des flèches, il faut aussi des meubles, des ustensiles et des outils, car il n'est pas de sauvage, si arriéré, qui n'ait les siens. Si vous voulez bien y réfléchir, et mesurer ce qui a été par ce qui est encore, vous remarquerez

Perthes, je visitai avec soin les différentes sablières de Grenelle, actuellement en exploitation.

« Les découvertes que j'eus l'occasion d'y faire et sur lesquelles je désire attirer un instant votre attention, donnent une entière confirmation aux prévisions de M. Boucher de Perthes. Deux sablières attirèrent plus particulièrement mon attention : celle de M. Bernard, située avenue de la Motte-Piquet, 61-63 ; celle de M. Étienne Bielle, rue de Grenelle, 15. Elles sont creusées toutes deux, d'après M. Hébert, professeur de géologie à la Faculté des sciences de Paris, qui eut l'extrême obligeance de les visiter avec moi, dans les bancs de sable et de gravier appartenant au diluvium inférieur, et qui ne présentent aucune trace de bouleversement. Leur profondeur moyenne, dans ce moment, est de six mètres. J'y ai trouvé des ossements fossiles et des silex taillés. La couche qui les renfermait, placée à une profondeur de 4^{m},50 à 5 mètres, présente une épaisseur variant de 1 mètre à 1^{m},50.

« Les ossements fossiles, que M. Lartet a eu la complaisance d'examiner, se rapportent au cheval, au *bos primigenius*, à un bœuf élancé analogue à l'aurochs, à un animal du genre cerf, voisin du renne, à l'*elephas primigenius* et à un grand carnivore, peut-être le grand felis des cavernes. Les silex taillés se rapportent, quant au but auquel ils ont dû être utilisés, à des catégories diverses. Ce sont des pointes de flèches et de lances, des couteaux, des haches en coin et des haches circulaires ou allongées. Ces dernières, dont je n'ai trouvé encore que deux, et les couteaux, dont le nombre dépasse déjà cinquante, suffisent amplement pour démontrer la présence de l'homme dans ces terrains diluviens. »

qu'il existe une série d'œuvres et de faits qui ont été, sont et seront toujours les mêmes chez tous les peuples, à quelque degré de civilisation ou de barbarie qu'ils soient. Sans doute ces faits et ces œuvres varient dans leurs formes, mais partout l'intention ou le but reste identique. — Pourquoi? — C'est que ces faits comme ces œuvres sont la conséquence nécessaire de notre position, de notre constitution physique et aussi de nos besoins moraux. Il est donc certains objets qu'un homme, à une époque quelconque de sa vie, a eu en sa possession ou tout au moins à sa disposition. Ainsi tous les êtres humains, même ces sauvages qu'on accuse de vivre dans une nudité complète, ont un vêtement ou quelque chose qu'ils considèrent comme tel, dont la destination est sinon de les couvrir, du moins de les orner; ils possèdent une parure, ou si ce ne sont eux, ce sont leurs filles, leurs femmes: elles auront une coiffure, un collier, des bracelets, des pendants d'oreilles, etc.

Jamais homme non plus n'a vécu sans être ou avoir été possesseur d'une arme, ne fût-ce qu'une massue ou un bâton, car s'armer est la conséquence de la peur plus encore que de la haine ou de l'envie, et cette peur quel homme ne l'a jamais éprouvée?

Il a eu aussi plusieurs meubles ou ustensiles : une coquille, une calebasse ou la coque d'une noix pour puiser l'eau;

Un couteau à découper la viande ou les végétaux dont il se nourrit;

Un autre pour raccourcir sa barbe, ses cheveux, ses ongles, quand, par leur longueur, ils ont gêné ses mouvements;

Une hache ou un coin pour tailler ou fendre le bois

nécessaire à son foyer, car on n'a pas encore rencontré d'être humain qui n'ait connu l'usage du feu ;

Un marteau propre à briser les os dont il suçait la moëlle, et le noyau dont il mangeait l'amande.

Si l'on nie ceci, si l'on prétend que je donne bien gratuitement un ameublement à l'homme à peine sorti de sa crèche; si l'on veut qu'il n'ait eu, comme les bêtes, que ses dents pour armes, ses ongles pour outils, sa peau pour vêtements et la terre pour lit, je demanderai quelle différence voyez-vous entre lui et cette bête? S'il n'a pas eu, dès que le besoin et le danger se sont fait sentir, l'intelligence de comprendre ce qu'il lui fallait pour satisfaire l'un et se défendre de l'autre, pourquoi l'aurait-il compris plus tard?

Mais il l'a compris dès qu'il a eu la conscience de sa faiblesse, et le premier emploi qu'il a fait de sa raison, a été de se créer les moyens d'y suppléer, de se procurer un asile, de se pourvoir d'armes pour repousser l'ennemi qui aurait pu le lui disputer, de se munir d'une pierre pour la lui lancer, d'un bâton pour l'en frapper, et, s'il n'avait ni l'une ni l'autre, de le chercher, d'arracher cette pierre au rocher, ce bâton à la terre, et de les rendre propres à l'usage qu'il en voulait faire.

Quand pressé par la faim, dans la saison où les arbres sont sans fruits et les bois sans gibier, il a dû creuser cette terre pour en extraire la racine indispensable à son repas; quand cette nécessité de manger s'est renouvelée tous les jours avec les mêmes difficultés et qu'il a senti l'insuffisance de ses ongles, il n'a pu manquer de prendre un os, une écaille, un morceau de bois qu'il a aiguisé pour fouiller ce sol trop dur pour sa main : ce fut là son premier outil.

Battu par le vent et la pluie, s'il n'a pas trouvé le creux d'un rocher ou le tronc d'un arbre pour se garantir, il a ramassé des branches, il les a entrelacées, il a bouché les interstices avec des feuilles ou des gazons et s'est formé un abri : ce fut là sa première maison.

Se pourvoir d'un gite, d'une arme, d'un outil, furent donc les premiers actes de l'homme déshérité, le jour où la justice de Dieu le jeta sur la terre..

Ces meubles primitifs dont on pourrait étendre encore la liste, sont si nécessaires et si naturels à l'homme, et leur absence le mettrait si bas, qu'on ne pourrait pas regarder comme faisant partie de l'espèce humaine les créatures qui n'y auraient ni songé ni pourvu.

A cet aperçu des besoins du corps, ajoutons un mot de ceux de l'âme.

Je ne pense pas qu'on ait jamais mis en doute que les premiers hommes eussent un langage : vivre en société ou seulement en famille, sans moyen de s'entendre, est impossible. Ces premiers hommes avaient donc, comme nous, un mode de communication intellectuelle ou d'échange des idées par la parole.

Ceci admis, nous en déduirons que cette langue parlée, si elle n'a pas été précédée par celle des signes, a dû en être bientôt suivie, ou plutôt que les deux langues ont été simultanées. Si l'on n'a pas vu de peuple muet, on n'en a pas trouvé non plus qui ne joignît les gestes aux paroles et qui ne remplaçât souvent les uns par les autres.

Les gestes et les signes oraux conduisent aux signes fixes et muets. Remplaçant à la fois le discours et le geste, ces signes stables suppléent au silence de l'individu qui, absent, veut communiquer sa pensée à un tiers, la lui rappeler et la faire survivre à lui-même en matérialisant ainsi le souvenir. Ceci encore rentre si bien dans la nature de l'homme, qu'on ne pourrait pas citer un seul peuple, une seule famille qui n'ait eu ses signes de convention, ses marques indicatives ou caractères mémoratifs, son écriture enfin, écriture bien imparfaite d'une langue non moins pauvre; mais toute chose complexe a commencé par une chose simple. Dans ces milliers d'idiômes qui se sont succédé sur la terre, il y en a eu un premier, avec son premier mot et bientôt son premier signe, qui ne pouvait rester longtemps seul, car dès qu'une idée s'est manifestée, l'homme s'est efforcé de la rendre palpable à l'œil et à la main. Ce n'est même que de ce désir de matérialiser la pensée qu'est née non seulement l'écriture, mais l'amour de l'art. Ajoutons-y celui de la propriété. Le prix de ce que l'on possède n'est que celui qu'on y attache: toute possession est la matérialisation d'un désir ou la conscience d'un droit. La propriété est donc l'expression et la réalisation de l'idée: l'amour de la conservation en est la conséquence. *Acquérir* et *conserver*, tels sont, Messieurs, le principe, le mobile et le nœud de toutes les associations humaines, en d'autres termes de la famille et de la société. Ne vous étonnez donc pas de l'importance que j'attache à ces signes d'un autre âge. Si cette société venait à se dissoudre, ou si les hommes frappés par un grand désordre, comme déjà ils l'ont été, se trouvaient disséminés par couples rares sur la surface terrestre, c'est encore par cette même suite de besoins, de dangers, de pensées, de désirs, de tentatives et d'ébauches, enfin par cette filière d'armes rustiques, de meubles informes, d'outils grossiers, d'images grotesques, de signes indescriptibles ou problématiques, que passerait l'humanité.

Ne dédaignons donc pas ces premiers essais de nos pères; ne les repoussons pas du pied; s'ils ne les avaient pas faits ou s'ils n'avaient pas persévéré dans leurs efforts, nous n'aurions ni nos villes, ni nos palais, ni ces chefs-d'œuvre qu'on y admire. Le premier qui frappa un caillou contre un autre pour en régulariser la forme, donnait le premier coup de ciseau qui a fait la Minerve et tous les marbres du Parthénon.

Ainsi l'homme primitif a eu ses images, ses symboles et ses signes. Était-ce des traces qu'il dessinait sur le sable, ou des fragments de bois, de roche, d'os, auxquels il donnait une forme déterminée, ou qu'il choisissait parmi les pierres brutes et leurs brisures quand elles avaient naturellement cette forme? (1). L'un et l'autre sont probables, et en ceci il n'aurait rien fait que ne fasse encore aujourd'hui le sauvage, et même nos enfants dans leurs jeux, sans qne personne le leur enseigne. Tous les hommes naissent sculpteurs, dessinateurs et peintres; tous aiment à représenter ce qu'ils voient. Le goût des arts, issu du penchant à l'imitation, est commun à tous; partout où on l'encourage, il prend un développement rapide, et les œuvres de certains barbares prouvent qu'un peuple peut être artiste et poète avant d'être civilisé.

L'homme n'est donc pas né stupide, et le jour qu'il sortit des mains du Créateur il n'était pas, plus qu'au-

(1) Il est à croire que certaine pétrification, notamment les oursins qu'on rencontre dans tous les pays où il y a des bancs de craie ou des dépôts de diluvium, ont servi de signes de reconnaissance, d'échange, de monnaie peut-être, dès le principe du monde. Chez les Romains, ils étaient l'objet d'une attention superstitieuse: ils le sont encore aujourd'hui chez nos paysans.

jourd'hui, en dehors de la raison, ni plus enfant que nos enfants. Dès qu'il eût ouvert les yeux et qu'il put remuer la main, il a fait ce que nous faisons. Il l'a fait moins bien, sans doute, il n'avait ni bons outils, ni bons modèles, mais il l'a fait comme il l'a pu, et peut-être pas si mal qu'on pourrait le croire, puisque ce qu'il en reste, n'en est certainement que la moindre partie, et qu'en raison de la dureté de la matière, elle se prêtait le moins à l'exécution et à l'achèvement de l'œuvre.

Pardonnez-moi, Messieurs, cette longue argumentation : voici bien des phrases pour démontrer des choses toutes simples et qui n'auraient, selon moi, jamais dû être mises en question, car en définitive de quoi s'agit-il?

De savoir : — 1° Si les premiers hommes pensaient;

2° S'ils parlaient;

3° S'ils travaillaient.

Or si l'on nous répond affirmativement, il faudra bien en venir à ces conclusions :

Puisqu'ils parlaient, ils avaient des mots, et des signes pour se les transmettre quand leur voix étaient insuffisante;

Puisqu'ils travaillaient, ils avaient des outils.

Tout outil annonce une œuvre.

Eh bien! ce sont ces mots ou les signes qui les représentent, ce sont ces outils et les œuvres qu'ils servaient à faire que nous avons cherchés et que nous avons trouvés.

Cette trouvaille, si l'on a pesé ce qui précède, était facile à prévoir; elle n'a donc rien de surprenant. Ce qui, à plus juste titre, pourrait surprendre ici, c'est qu'on ne l'ait pas faite plus tôt, ou si on l'a faite, qu'on n'en ait tiré aucune conséquence.

Une autre objection qui m'a été posée à l'égard des haches m'a été répétée pour les outils, la voici : puisque ces outils, ces signes sont si nombreux, pourquoi personne n'en avait-il trouvé? — Je pourrais répondre : parce que personne n'en avait cherché. — Cette objection est d'ailleurs de celles qu'on pourrait faire de toutes les découvertes. Tous les jours nous apprenons que telle plante, telle larve, telle coquille vient d'être observée dans un pays où elle ne l'avait jamais été : croit-on qu'elle y est née du jour au lendemain? Non, elle y était, mais on ne l'y avait pas vue.

Ajoutons qu'il faut ici, comme pour toutes autres recherches, une certaine habitude : ces pierres taillées sont perdues dans des milliers d'autres, parmi lesquelles on doit les distinguer. Cette distinction n'est pas toujours facile : au premier aspect, beaucoup peuvent nous échapper. Ce n'est qu'à la longue qu'on peut réunir un certain nombre de similaires, et si je vous en présente autant, c'est qu'il y a vingt ans et plus que j'en cherche et que j'en trouve.

Cette difficulté d'obtenir des analogues (1) n'existe pas dans les sépultures celtiques : là, les silex n'ont pas été jetés par un torrent comme ceux du diluvium, ils y y ont été mis par la main de l'homme et dans des lieux évidemment disposés à cet effet. Dans ces gissements artificiels, ce sont les silex bruts ou non taillés qui deviennent l'exception, et quand on les y rencontre, c'est

(1) Quand les silex ne portent que de légères traces de travail, l'auteur ne les admet comme types ou œuvres que si ces traces sont répétées sur plusieurs. S'en rapporter à un seul et même à deux, surtout quand il s'agit de symboles ou de figures, exposerait à de graves erreurs.

presque toujours parce qu'ils présentent naturellement une forme qui se rapproche de celle qu'on leur donnait par le travail.

Dans ces masses de silex qui entourent les vases cinéraires et qui, garantis par la tourbe, le tuf ou le sable fluvial, n'ont souffert ni de l'usage, ni du choc, ni du frottement, les rapprochements sont faciles et l'on reconnaît bientôt les analogies. C'est cette étude qui m'a guidé dans celle des silex diluviens, bien qu'au premier coup-d'œil il n'y ait entr'eux aucune ressemblance : les silex des tourbières sont noirs ou bleutés et frais comme s'ils venaient d'être taillés. Ceux du diluvium sont blancs, jaunes, bruns, gris, selon la couche de sable qui leur sert de gangue, et ils ne conservent leur couleur naturelle ou noire, comme il arrive souvent à Saint-Acheul, que lorsqu'ils touchent la craie ou qu'ils sont enfouis dans un sable qui en est mélangé (1). Ensuite, si quelques formes des deux origines se ressemblent, d'autres diffèrent beaucoup : les silex figurant des animaux, rares dans les tourbières, le sont moins dans le diluvium ; et dans ces tourbières, sauf peut-être celles dites bocageuses ou antédiluviennes, les images des grands pachydermes ne se retrouvent plus.

L'emploi des silex comme hommage aux morts, qui remonte à une haute antiquité, car dans ces cimetières souterrains ou dépôts cinéraires on ne trouve aucune

(1) On s'est étonné de cette fraîcheur des silex de certains bancs; cela arrive presque toujours quand ces bancs sont crayeux. La craie est conservatrice comme la tourbe. Les silex qu'on trouve brisés dans les blocs de craie paraissent l'avoir été la veille, bien que cette brisure remonte probablement à l'origine du banc, c'est-à-dire à l'époque secondaire.

trace de métaux, s'est perpétué jusqu'à l'époque historique; on en a recueilli dans des tombelles et autour de cercueils annonçant une civilisation déjà avancée. Ces silex des sépultures, silex dits *éclats,* ont reçu ce nom parce qu'on a pensé que c'étaient les résidus de ceux qui avaient servi à faire des haches. Je l'ai cru d'abord comme tout le monde, mais après un examen attentif, j'ai reconnu que non seulement ce n'étaient pas des rebuts jetés par l'ouvrier, mais que chacune de ces pierres était elle-même une œuvre préparée avec un certain soin et par un travail dont on pouvait suivre l'intention.

Puisqu'il y avait travail, il y avait certainement un but.—Quel était-il?—C'est ce qui me restait à savoir. Je vis bientôt que ces centaines de pierres taillées qui, au premier abord, semblent présenter autant de formes, n'en offraient en réalité qu'un nombre déterminé, que c'étaient toujours les mêmes, indéfiniment répétées. Il n'y avait donc là ni accident, ni caprice: chacune de ces formes, arrêtée d'avance et consacrée par l'usage, avait sa signification : le silex taillé en rond ne pouvait pas dire ce que disait celui qui l'était en ovale ou en triangle.

Dans ces types parfaitement distincts, comme on le voit dans les figures que j'en ai données, il en était qui ne devaient servir à aucun usage domestique. Les autres, à l'aide d'un manche, pouvaient être utilisés comme outils; mais tous étant neufs et ne portant aucune trace d'usure, il devenait évident que c'était aussi comme *ex-voto* ou signes commémoratifs qu'ils avaient été mis là.

Nul doute encore que s'ils n'avaient représenté qu'une intention unique ou rappelé qu'un seul fait, ils n'eussent eu qu'une forme; mais comme il y en avait douze et plus, il fallait bien croire que chacune avait sa signification et que leur assemblage, formant un ensemble, devait exprimer au moins une pensée. On ne peut supposer que des êtres raisonnables, car nos premiers parents devaient l'être puisque c'étaient des hommes, se fussent, de génération en génération et durant des siècles, donné le souci de tailler des pierres, d'en assortir les formes, de les placer sur la sépulture de leurs chefs ou de leurs aïeux, sans que cette manifestation n'eût sa moralité et son but, enfin sans qu'elle ne rappelât un souvenir ou n'invoquât un avenir.

De l'ensemble de ces douze signes si constamment et si uniformément répétés, on peut donc conclure que ces peuples avaient une langue écrite ayant ses caractères ou ses images; et s'ils en avaient oublié la signification, s'ils n'agissaient que sous l'empire d'une prescription qui se perdait dans le passé et dont la cause oubliée était devenue incomprise, elle ne l'avait pas toujours été: c'était une langue morte si vous voulez, mais une langue qui avait vécu.

Ces dolmens, ces pierres levées, qui, échappés à plus d'un cataclysme (1), datent peut-être des premiers âges de l'homme, avaient aussi leur signification. Érigés par les efforts réunis d'un grand nombre d'individus, leur présence annonce que le pays était déjà très-peuplé. Ces hommes étaient-ils les mêmes que ceux qui fabriquaient les haches et autres outils? étaient-ils contemporains

(1) Parmi ces pierres, il y en a d'époques bien différentes. Il est à croire que ces obélisques bruts sont les premiers monuments élevés par les hommes en société; mais cet usage s'est perpétué d'âge en âge, et s'il existe encore de ces dolmens primitifs, le nombre ne peut en être grand.

des Celtes ou des peuples antédiluviens? Nul n'a pu nous le dire; mais quels qu'ils fussent, ils ont eu leur vocabulaire, leur langue parlée, leur langue écrite, et ces pierres, grandes et petites, étaient leurs inscriptions, leurs archives et leurs trophées.

Je vous ai dit, Messieurs, que les bancs de diluvium contiennent des formes ou des œuvres analogues à celles des tourbières. En ceci rien encore qui doive vous surprendre, car il est telles de ces tourbières, si l'on en juge à l'épaisseur de leur couche et au temps qu'il a fallu pour les produire, qui ont une vieillesse égale, si elle n'est supérieure, à celle des dépôts diluviens. Ces ressemblances rentrent dans la marche ordinaire des choses, et nous vous avons déjà fait remarquer qu'il est des idées, des actes, des habitudes et conséquemment des formes, des œuvres qui, traversant toutes les révolutions et tous les climats, sont communs aux hommes de tous les siècles, et qui le seront tant que ces hommes auront les mêmes organes, les mêmes besoins, les mêmes désirs, les mêmes passions.

Parmi ces ressemblances, la plus frappante est celle des haches, non qu'elle soit complète, car on distingue facilement celles du diluvium de celles des tourbières, mais nonobstant on s'aperçoit qu'une même intention a dirigé les ouvriers des deux époques. Du reste, sauf le cas où elles sont altérées par le frottement, le travail en a été rarement mis en doute. Il n'en est pas ainsi de celui des pierres purement symboliques, notamment de celles qui représentent des figures : on m'a opposé les jeux de la nature et ces nombreuses empreintes de corps marins qui nous offrent assez souvent des simulacres de mammifères, d'oiseaux, de poissons, etc.; mais il suffit de regarder ces pétrifications pour reconnaître qu'il n'y a là aucun indice de travail. Quand ce travail existe, on l'aperçoit immédiatement : les éclats enlevés le sont justement aux points où ils doivent l'être pour compléter la ressemblance. Cependant, ici encore un seul exemplaire ne suffit pas pour faire preuve ; mais quand l'œuvre est réelle, vous rencontrez bientôt son similaire.

Ceci doit arriver aussi dans les empreintes et les pétrifications, mais jamais dans les silex purement accidentés. Vous avez pu observer, Messieurs, que les jeux de la nature ne sont pas comme ses lois : celles-ci sont invariables, tandis que ses jeux varient sans cesse : jamais ils ne vous montreront deux fois la même forme, et dans ces milliards de silex qu'offrent nos bancs diluviens, si l'homme n'y a pas touché, vous n'en trouverez pas deux dont l'identité soit parfaite. Si vous les y trouvez, c'est qu'il les a faits tels, et vous en rencontrerez bientôt un troisième, un quatrième et plus encore. Examinez chacune de ces pierres qui, isolée, vous a paru un simple accident ; si vous y voyez que ces entailles que vous avez prises pour des brisures sont autant d'éclats enlevés de la même manière et aux mêmes places, cette répétition ne peut être que la suite d'une combinaison : la main humaine a passé là. Et vous n'en douterez plus quand vous aurez reconnu dans la façon de toutes ces pierres une même intention : c'est un oiseau, un poisson, un quadrupède qu'on a voulu représenter ; vous en distinguez non-seulement le genre, mais l'espèce. Tous ces silex ont donc été ouvrés ; seulement l'ouvrier, pour abréger sa besogne, a eu soin de prendre ceux dont la coupe et la dimension se rapprochaient le plus du modèle qu'il voulait imiter.

C'est ainsi que ma conviction s'est formée et comme la vôtre se formera aussi quand vous aurez compté jusqu'à vingt exemplaires d'une même image et que, dans toutes, vous suivrez le travail par lequel on est arrivé à leur donner cette ressemblance.

Je suppose maintenant que vous vouliez augmenter ce nombre d'analogues et vous en procurer un vingt-unième, tôt ou tard vous le trouverez et peut-être dix encore. Mais que vous en vouliez un seul vous offrant cette même forme avec tous ses détails sans que la main humaine y soit intervenue, vous le chercherez en vain, vous ne le trouverez pas. Pourquoi? — C'est que si l'homme peut imiter la nature et même l'accident, jamais cette nature ni cet accident n'imiteront le travail de l'homme. Si le hasard semble en approcher quelquefois, vous aurez bientôt reconnu la différence : les détails vous la montreront.

Je n'ai pas besoin de vous dire que les représentations d'animaux que nous offrent les tourbières comme le diluvium, ne sont que celles des individus qui existaient alors : ces ouvriers primitifs copiaient et n'inventaient pas. D'ailleurs, à quoi bon des inventions qu'on n'aurait pas comprises. Je ne doute donc pas que ces ébauches de pierre ne nous donnent un aperçu de ces grands quadrupèdes dont nous recueillons les os : oui, nous avons là les miniatures des mastodontes, des *megatherium*, des *megalonix*, des *palæotherium*, etc. ; ces animaux gigantesques ont frappé les premiers hommes comme ils nous auraient frappés nous-mêmes. Dès-lors doit-on s'étonner qu'ils aient essayé de les représenter : quel est le peuple dans les monuments et les archives duquel on n'ait retrouvé ces reproductions de la vie?

Les Égyptiens, les Grecs, les Romains, les barbares eux-mêmes ont toujours eu une grande propension à prendre les animaux pour enseigne et pour symbole ; ils ont mis leurs images dans leurs temples et même dans le ciel; ils en ont fait leur zodiaque et leur langue hiéroglyphique et religieuse.

Dans notre galerie antédiluvienne, vous retrouverez aussi diverses espèces de quadrumanes, qu'on distingue aisément à l'expression de leur face, notamment quand les yeux y sont indiqués.

Les figures d'hommes (1), autant qu'on peut en juger par ces grossières imitations, indiquent la race blanche ou caucasique. Plus rarement on croit reconnaître le type nègre.

Ces imitations de la vie, bien qu'il faille aussi quelque habitude pour les distinguer des accidents, en demandent pourtant moins que les outils proprement dits ou qui n'avaient d'autre destination que d'aider à la main-d'œuvre. Il s'agit ici de ceux du diluvium, car les instruments des tourbières se bornant à certains types bien tranchés et toujours les mêmes se reconnaissent aisément. Mais l'ouvrier antédiluvien ne s'est pas astreint à une forme spéciale : sans se préoccuper de la régularité ou de l'élégance de cette forme, il s'assurait d'abord qu'elle était commode à la main ou qu'il ne lui faudrait

(1) Il faut se tenir en garde contre les figures de profil. La cassure du silex offre naturellement de ces rapprochements humains; vous croyez voir un front, un nez, une bouche, un menton, et tout ceci n'est qu'un prestige. Les figures de trois quarts et de face présentent plus de garantie. On peut pourtant aussi, en les examinant à la loupe, reconnaître les profils réellement travaillés : on y distingue une suite de petits éclats enlevés régulièrement.

pas un trop long labeur pour arriver à la rendre telle. Ce n'est donc qu'après avoir examiné la pierre brute dans tous les sens et vu le parti qu'il en pouvait tirer, qu'il commençait à la tailler.

Ce qui déterminait d'abord son choix, était l'extrémité devant servir de manche ou d'appui. Si le silex ne lui présentait pas ce manche naturel, ou s'il ne prévoyait pas pouvoir le finir par un court travail ou par l'enlèvement de quelques éclats, il cherchait un autre silex.

L'avait-il trouvé et ce manche offrait-il les proportions exigées, il mettait alors tous ses soins à préparer le tranchant: s'il voulait faire une scie, il en dessinait les dents; si c'était un perçoir, il en ménageait la pointe. Mais ici, comme lorsqu'il s'agissait de façonner des chevilles d'assemblage, il fallait que la cassure l'y aidât. Il commençait donc par briser beaucoup de pierres et parmi les éclats, il choisissait ceux qui s'écartaient le moins de la figure et de la dimension de l'instrument qu'il voulait faire (1). Le silex dit *plaquette* servait surtout pour les chevilles et quelques outils.

Le tranchant d'un couteau pouvait être produit d'un seul coup ou par un simple choc: on sait que le silex,

(1) On m'a demandé pourquoi ces hommes préféraient le silex à toutes les autres pierres? Ceci s'explique: la dureté du silex et sa cassure tranchante leur offraient d'abord un double avantage; ensuite, se présentant en formes variées, et l'ouvrier trouvant presque toujours celle qui se rapprochait de l'objet qu'il désirait faire, s'épargnait la peine qu'il aurait prise pour tailler cette forme dans un bloc qu'il eût dû détacher d'un rocher. Le silex a donc eu son règne, et avant la découverte des métaux il a, vu son utilité, joui d'une haute estime. Transporté dans les pays où l'on n'en trouve pas, il y devint un objet d'échange et de commerce,

de même que le verre, se divise naturellement en lames. Mais ces lames si tranchantes sont d'un court usage, à la moindre résistance elles s'ébrèchent ou se cassent. Pour rendre leur tranchant solide, c'est en gouge ou en biseau qu'il devait le faire. C'est ce qu'a compris le coutelier antédiluvien, et c'est ainsi qu'il a fabriqué des couteaux assez forts non seulement pour tailler et unir le bois, mais pour le pénétrer et y creuser des vases, des coffres et même des bateaux. La cassure du silex ne pouvait seule produire ce biseau ou cette concavité de la gouge : là il fallait un calcul et un labeur. Il en fallait plus encore pour confectionner des tarrières, des vrilles : il fallait comprendre le jeu de l'hélice.

Pour les rabots, la forme de la pierre et la prise qu'elle offrait à la main étaient surtout à considérer. Les pierres convenables à cet utile instrument sont rares, et, pour les hommes d'alors, c'étaient véritablement des pierres précieuses.

Percer un silex pour l'emmancher comme marteau eut demandé trop de temps, on profitait donc de ceux qui l'étaient naturellement. On en faisait aussi des masses d'armes et des casse-tête.

peut-être y servait-il de monnaie, et certaines formes dont nous ne devinons pas l'emploi étaient les espèces d'alors.

Il est à croire, d'ailleurs, que l'ouvrier antédiluvien, de même que l'ouvrier celtique, employait le silex pour tailler le silex. Plus tard, lorsqu'on est arrivé à polir les haches, c'est avec du grès et une pierre volcanique noire, poreuse et très-dure, puis du sable, qu'on opérait ce polissage. Des tourbières m'ont procuré une série d'instruments qui avaient évidemment servi à la confection des haches. C'est par des procédés analogues que l'homme antédiluvien devait aiguiser ses gouges et ses biseaux.

Ces pierres trouées n'étant pas communes, ou présentant des formes peu propres à l'usage qu'on en voulait faire, on devait avoir un autre mode d'emmanchement. J'ai décrit ceux qu'employaient les Celtes. Depuis, de nombreuses découvertes ont confirmé mes prévisions, que rendait faciles la coupe de leurs haches tranchantes d'un seul côté. Il n'en était pas ainsi de celles du diluvium. Les unes en forme de larmes ou de lances présentaient à une extrémité une pointe mousse ou un tranchant étroit, et de l'autre une masse plane ou arrondie. On pouvait s'en servir comme poignard pour frapper de près, ou de projectiles pour atteindre de loin, mais plus probablement on les emmanchait dans un bâton troué ou fourchu (1); la pierre placée horizontalement dans l'ouverture, y était maintenue par la seule pression d'un bois élastique ou au moyen de coins. Cette pierre, formant croix avec le manche, offrait ainsi d'un côté une pointe ou un tranchant, et de l'autre une masse ou marteau: c'était notre pioche. (Voyez pl. 1re, fig. 1.)

Des pierres taillées, mais souvent roulées, qu'on rencontre assez fréquemment dans les mêmes bancs, et dont la forme, qui rappelle bien mieux la hache, a peut-être

(1) Les gaînes en bois de cerf, en retenant la pierre au moyen d'une ouverture horizontale, recevaient le manche par un trou transversal. Mais j'ai trouvé des gaînes où ce trou transversal manquait. J'en ai conclu que la gaîne, dont l'extrémité opposée à celle qui recevait la hache étant disposée en cheville arrondie, devait être introduite horizontalement dans un manche de bois. On s'en servait alors comme on se sert de nos haches de fer, dont elle prenait aussi l'apparence. En faisant faire un demi-tour au tranchant, l'instrument pouvait être employé comme l'aissette des tonneliers.

servi de modèle à nos francisques ou haches d'armes, s'emmanchaient de la même manière que la précédente, mais la pierre ne ressortait que d'un côté (fig. 2).

D'autres haches du diluvium, ovales ou en amandes, moins épaisses et plus finies que la hache-pioche, sont tranchantes dans toute leur circonférence. Je ne m'expliquais pas l'utilité de ce tranchant circulaire et je ne voyais pas comment elles devaient être emmanchées, puisqu'en raison même de ce tranchant, elles ne pouvaient servir à la main. Cependant, au temps qu'avait dû demander leur confection, car il en est qui, quoique non polies, ont une régularité, disons mieux, une harmonie dans leurs proportions, telle que le plus habile de nos ouvriers ne ferait pas beaucoup mieux, on devait croire que cet emploi n'était pas d'une mince importance et qu'il ne s'agissait point d'une pierre à jeter au vent, ou d'un simple projectile. Après divers essais, j'ai reconnu qu'un des côtés du tranchant avait dû être introduit de profil dans un manche de bois, non par un des bouts, mais dans une rainure pratiquée le long de ce manche et creusée assez profondément pour qu'on put y faire entrer le silex jusqu'à la moitié de sa largeur. Ainsi placé de profil, il présentait un côté entier de son tranchant se développant en demi-ovale en dehors du manche (fig. 3).

Quand ce côté était émoussé, on sortait la hache de la rainure, on y introduisait la partie émoussée, qui, ainsi retournée, était remplacée à l'extérieur par la partie encore neuve.

Ce second tranchant s'émoussait-il à son tour, on retirait de nouveau la hache de la rainure que l'on recreusait un peu et dont on augmentait la profondeur en diminuant la longueur à l'aide d'un ou deux coins. Puis on y introduisait, par l'une de ses extrémités, la hache qui, au lieu d'un tranchant oblong et demi-ovale, en présentait un formant le demi-cercle (fig. 4).

On pouvait même (1), au lieu de placer la hache sur la longueur du manche, pratiquer la rainure dans sa largeur; alors la pierre, se montrant comme les dents d'un rateau ou la lame de nos ratissoires de jardin, la hache ainsi emmanchée devenait le teil ou tille de nos charpentiers (fig. 5).

(1) La recherche de ces modes possibles de l'emmanchement des haches de pierres m'a conduit, plus tard, à examiner si l'on n'employait pas un procédé analogue pour fixer à un manche ces haches de bronze dites gauloises, tranchantes d'un coté, creuses de l'autre, et qui se distinguent par une petite anse en demi-anneau fixée à une des faces. Ces armes ou outils, qui ont suivi l'âge de pierre et précédé l'âge de fer, n'ont, si l'on en juge à la quantité et à la conservation de celles que l'on trouve, été abandonnées qu'assez tard ; mais à cette époque, notamment au début de l'emploi du bronze, ce métal, encore rare, était cher ; d'ailleurs l'habitude de se servir d'armes et d'outils en silex, consacrée par l'usage, faisait en quelque sorte partie des mœurs et même de la religion. Pour tout concilier, il n'est pas impossible qu'on ait employé simultanément les deux substances, et que la partie creuse de la hache de bronze ne servît à introduire et fixer une hache de pierre ou bien un éclat de silex qui, n'y étant que légèrement uni, restait dans la blessure quand le coup était donné. Peut-être aussi ce silex, comme la pierre de fronde et taillé en conséquence, pouvait-il être lancé au moyen d'un mouvement circulaire imprimé au manche. J'ai indiqué, dans le premier volume des *Antiquités celtiques et antédiluviennes*, un autre emploi de ces haches de bronze. Celui-ci présente-t-il plus de probabilité? Je n'oserais l'affirmer.

Le même manche, fendu en croix (fig. 6), servait à emmancher la pierre verticalement ou horizontalement et à en faire tour-à-tour, selon le besoin de l'ouvrier, une hache ou un teil, et même une pioche en approfondissant la fente et en plaçant la pierre tranversalement.

Remarquez que quelque fût la position qu'on donnât à la pierre, on pouvait toujours, au moyen de coins, la fixer solidement. Il fallait seulement entailler le bois ou l'os de manière à ce qu'il ne pût se fendre.

Au besoin, une simple branche en fourche serrée par le haut ou un morceau de bois fendu pouvait servir à l'emmanchement; mais il était moins solide, car la hache n'étant retenue que d'un côté pouvait s'échapper. Néanmoins, par cette arrangement, les deux parties du silex pouvant être mises à découvert, on avait à volonté une hache à un ou à deux tranchants (pl. 2, fig. 7).

Si l'on examine avec soin ces pierres diluviennes au tranchant circulaire et la manière dont ce tranchant est ménagé au moyen d'un renflement partant du centre de chaque face et se perdant insensiblement en s'amincissant jusqu'aux bords, on reconnaît que tout ici était combiné pour assurer leur force et leur durée et pour que, utilisées dans tous les sens, aucune partie n'en fût perdue (1).

(1) Beaucoup d'autres silex, dont je ne m'expliquais pas l'emploi, m'ont apparu sous leur véritable jour dès que j'eus trouvé ce mode d'emmanchement de profil au moyen d'une entaille en rainure. Les personnes qui ont vu, dans ma collection, les haches que j'ai fait ainsi emmancher et les services qu'elles pouvaient rendre, avant l'emploi des métaux, comme instruments de travail ou comme armes de chasse et de guerre, n'ont pas mis en doute que ce procédé ne dût être le véritable, car il explique parfaitement le

C'est encore de cette manière qu'on employait comme couteaux, hachoirs, etc., ces silex en lame coupant des deux côtés ou couteaux sans dos. L'arête simple ou double (fig. 8 et 9) ménagée dans la longueur de la face convexe, était très-propre à les maintenir dans la rainure. Lorsqu'un tranchant était usé, de même que des haches au coupant circulaire, on se servait de l'autre, et le premier rentrait dans la rainure.

Ces couteaux pouvaient aussi, comme ces haches, s'emmancher au moyen d'une fente verticale ou horizontale, c'est-à-dire se placer dans la longueur ou la largeur du manche (fig. 10).

tranchant circulaire de ces haches et le double tranchant des couteaux à arêtes.

J'ai indiqué, dans mon premier volume des *Antiquités celtiques*, comment les têtes de flèches, de lances et les haches elles-mêmes, quand, pointues d'un côté, elles se terminent de l'autre par une coupe droite, devaient être lancées au moyen d'une branche ou d'un jonc formant ressort. Ce ressort pouvait être pris dans le roseau ou le bois même s'il était vert ou élastique; il suffisait d'en fendre dans sa longueur la partie supérieure sans la détacher de sa base, de l'amincir et de la ployer en arc; ou plus simplement encore, de prendre une branche à deux jets ou faisant fourche et d'employer comme ressort ou moteur le jet le plus flexible (voyez fig. 14).

Il ne fallait pas plus de travail pour rendre certains silex (fig. 15) propres à servir l'instrument et faire ainsi de ces pierres à pan coupé, qui pèsent depuis cinquante grammes jusqu'à un kilo, de dangereux projectiles: telles furent les premières arbalètes, balistes et catapultes. Peut-être ces silex taillés que nous trouvons avec les os des grands animaux fossiles avaient-ils, ainsi lancés, servi à les blesser et à amener ensuite leur mort en restant dans la plaie.

Pour certains outils dits râcloirs, etc., on préférait les couteaux dont la courbure était très-prononcée (fig. 11). On les emmanchait d'abord horizontalement dans une planchette à laquelle on ajoutait un manche en bâton comme à un rateau; ou bien supprimant ce bâton, on tenait l'outil comme on tient un peigne.

On emmanchait également ces éclats ou couteaux en introduisant une des extrémités dans la cavité d'un os ou dans un morceau de bois ouvert, non plus sur le côté ou sur l'une des faces, mais par un des bouts (fig. 12). On avait ainsi un couteau à deux tranchants ou un ciseau, un poinçon, une flèche, une lance.

Certains silex à crochet servaient de harpons pour la pêche. On devait aussi en faire en os, en coquille. L'invention des hameçons a dû suivre de près celle des harpons.

Les couteaux à dos ou qui n'étaient tranchants que d'un côté (fig. 13), offrant un appui à la main, pouvaient se passer de manche et servir à des œuvres de force. C'était des instruments analogues que, plus tard, les Scandinaves employèrent pour ouvrir les huitres et autres bivalves dont ils se nourrissaient.

De ces couteaux à dos large, on faisait encore des scies. J'en ai rencontré dans le diluvium ayant jusqu'à vingt centimètres de longueur sur huit de largeur et deux d'épaisseur du côté opposé au tranchant, et pouvant scier des os durs et épais (1).

(1) On voit dans ma collection un fragment de bois de cerf fossile trouvé dans une des sablières d'Abbeville et qui porte des traces de ces scies ou de lame de silex. M. Lartet, qui l'avait examiné, a depuis reconnu sur d'autres ossements antédiluviens

Ces outils primitifs paraîtront misérables si on les rapproche des nôtres; néanmoins, il faut bien reconnaître qu'ils ont un grand mérite : c'est celui de la priorité. Si l'apparence n'est pas égale, on s'aperçoit bientôt que le but est identique. Sans doute on les a beaucoup perfectionnés quant à l'élégance de la forme et la qualité de la matière, mais on n'a rien ajouté à l'intention et à l'utilité. Le ciseau, la gouge, le couteau, la scie, la pioche, le pic, la cognée, le marteau, etc., sont encore tels que les a conçus leur premier auteur, et ces milliers d'instruments qui remplissent nos ateliers et nos expositions, rayons d'une même idée, ne sont aussi qu'une conséquence de ces types en silex aujourd'hui si contestés.

Tel fut toujours le sort des inventeurs, et pourtant qu'on m'en cite un qui, mieux que celui-ci, a bien mérité de l'humanité? Véritable père des arts et de l'industrie, il a posé la première pierre de nos temples et de nos cités, et aussi celle de nos fabriques et de nos ateliers.

Il me reste encore une objection : c'est la plus sérieuse, disons même la seule sérieuse. J'y ai fait une réponse, cependant je sens qu'il y a quelque chose à y ajouter, non

des entailles qui sont certainement le fait d'une main humaine. La netteté et la profondeur de ces entailles démontrent qu'elles ont été faites alors que ces os étaient encore frais et non dépourvus de matière animale. Parmi les animaux d'espèces éteintes sur lesquels il a constaté ces empeintes, M. Lartet cite : *megaceros hibernicus*, *cervus semonensis*, *rhinoceros tichorinus*. Ce savant paléontologiste vient de présenter sur ce sujet, à l'Académie des sciences, un travail intitulé : *Notes sur l'ancienneté géologique de l'espèce humaine*. Voir le *Siècle* du 15 juin 1860 et l'article très-remarquable de M. Victor Meunier.

pas en faits, je n'en ai pas découvert de nouveaux, mais en probabilités. Cette objection, la voici : pourquoi ne retrouve-t-on pas les os de l'homme antédiluvien dans ces mêmes bancs où l'on rencontre ses œuvres et les débris si nombreux des mammifères ses contemporains?

J'ai répondu :

1° Que si on ne les avait pas encore trouvés, on ne devait pas en conclure qu'ils n'y étaient pas, ni conséquemment qu'on ne les découvrirait pas un jour ;

2° Que les ouvriers, par un sentiment louable, manquaient rarement de rendre à la terre les os humains que leur pioche mettait à découvert ;

3° Que, dans tous les temps, les hommes, sauf un petit nombre, avaient cherché à faire disparaître les cadavres de leurs proches, soit en les brûlant comme faisaient les Grecs et les Romains, soit en les abandonnant aux flots comme les Indiens, soit en les cachant dans les cavernes et les lieux secrets, ainsi que font encore quelques peuples océaniens ;

4° Que, lors des cataclysmes qui ont détruit les autres mammifères, l'homme, plus intelligent qu'eux ou prévenu d'avance, avait eu plus de chances d'échapper au désastre, comme on le voit aujourd'hui dans les inondations et autres sinistres où il périt toujours moins d'hommes que d'animaux ;

5° Que les débris humains, par une cause que l'on ne s'est pas encore expliquée, étaient partout rares, comparativement à ceux des animaux, et nullement en proportion avec la population présente et passée ; qu'on citait des contrées longtemps populeuses où, nonobstant les recherches, on n'avait découvert aucun squelette d'homme.

A ces considérations, j'en ajouterai une qui depuis longtemps m'a frappé. L'espèce humaine, comme les espèces animales, avons-nous dit, a pu être renouvelée plus d'une fois, non en totalité, mais en grande majorité. Alors les hommes se sont trouvés, quant au nombre, la portion très-secondaire de la population terrestre. C'est ainsi que nous avons vu le règne des sauriens, celui des pachydermes, celui des grands carnassiers, etc. Il est facile de comprendre que, lorsque l'homme n'avait pour défense que ces haches de pierre, la trop grande multiplication des carnivores ou de toute autre créature pouvant lui disputer sa nourriture, a dû rendre son existence fort difficile et parfois impossible.

Dans cette position, la famille humaine n'a pu que décroître de plus en plus, et ce qu'il en restait, fuyant devant le danger, dut abandonner le pays à l'espèce la plus forte ou la plus nombreuse qui a continué de s'accroître aux dépens de toutes les autres (1).

(1) C'est ainsi que certaine race animale a pu finir par occuper seule une contrée et, par cette solitude même, si elle était carnivore, en être réduite à s'entredévorer, ou si elle était herbivore, à anéantir, par une consommation plus rapide que la reproduction, tous les végétaux qui pouvaient la nourrir. — Cette hausse ou cette baisse dans le nombre des individus d'une famille est commune aux petites comme aux grandes espèces, et nous en avons journellement des exemples. On voit tout d'un coup apparaître des nuées d'une mouche, d'un coléoptère, d'une mite, réputés rares jusqu'alors. Si la multiplication de ces insectes continuait dans cette proportion, ils envahiraient la terre, l'eau, l'air : rien ne leur résisterait, toutes les autres créatures devraient périr étouffées, affamées ou dévorées par ces myriades d'atomes si débiles en apparence. Puis, à une heure dite, le fléau disparaît, l'insecte devient aussi rare qu'il l'était avant l'invasion, et des

L'extinction d'une classe d'animaux et même d'une race d'hommes et la dépopulation d'un monde n'ont donc pas toujours été la conséquence d'une révolution atmosphérique, d'un cataclysme igné ou aqueux, d'une influence délétère, d'une contagion, d'une peste; elles ont pu être celle de la multiplication prodigieuse d'un parasite, d'un rongeur, d'une chenille, d'une fourmi, dévorant jusqu'au tronc des arbres, jusqu'aux os des morts; ou bien encore de la rareté ou seulement de la modification de la nourriture devenue impropre aux hommes et aux animaux.

Ceci, Messieurs, expliquerait comment des contrées ont pu être alternativement populeuses ou désertes sans que rien eut changé dans la nature du climat ni du sol, sans même que l'aspect de ce sol eût varié d'une manière sensible. Il nous montre également que durant de longues périodes la race humaine, réduite à quelques tribus errant sur d'immenses surfaces naguère couvertes de nations, est devenue une espèce rare et, quant au nombre, comptant à peine sur la terre.

Il en était probablement ainsi lorsque vivaient ces éléphants dont le diluvium a conservé les os. Se trouvant, quant à la force et même à l'intelligence, les premiers d'un pays où les hommes n'étaient plus, ces animaux avaient pu s'y multiplier sans obstacle.

Combien cet état de choses dura-t-il de siècles ou de centaines de siècles? Nul ne pourrait le dire; mais il

années, des siècles s'écoulent sans qu'on le voie renaître: peut-être même a-t-il disparu pour toujours. C'est ainsi que la population terrestre a pu varier indéfiniment. Chaque espèce, même la plus faible, devenue souveraine, a, régnant à son tour, été le tyran, puis le bourreau de tout ce qui vivait.

existait probablement depuis bien longtemps quand le torrent diluvien vint balayer tout ce qui couvrait la superficie. Il n'entraîna pas d'hommes, puisque leur race s'y était éteinte et que leurs ossements même, épars sur la terre, y avaient été décomposés par l'effet alternatif du soleil et de l'humidité, ou broyés sous les pieds des colosses qui la foulaient sans cesse. Mais sur ce sol restaient d'autres races de ces hommes, et celles-ci avaient résisté aux saisons et aux pieds des mastodontes comme à la dent des carnassiers : c'étaient ces mêmes haches, ces mêmes outils, ces mêmes signes en silex, témoignage du long séjour qu'y avaient fait ces peuples morts depuis si longtemps.

Ce que je dis ici des Gaules et spécialement de notre pays, je ne prétends pas l'appliquer à la terre entière ; dès-lors je n'en maintiens pas moins ce que j'ai avancé ailleurs, qu'on trouverait un jour quelque immense dépôt de débris humains. Remarquez bien que dans les grandes crises, l'instinct de presque toutes les créatures d'une même espèce est de se réunir en troupeaux et de subir un sort commun, comme l'ont prouvé ces plaines jonchées d'os d'éléphants et ces collines composées de ceux de deux ou trois autres familles.

Ces vastes ossuaires ont dû se former de deux manières : les uns par l'effet d'un cours d'eau chariant des débris d'êtres morts ailleurs ; les autres par l'entassement subit de leurs cadavres tombés à l'endroit même où nous les retrouvons, frappés par une cause imprévue, ensevelis sous la neige ou les sables soulevés par la tempête, ou tués par une trombe ou un courant électrique, enfin morts de soif ou de faim, comme ces caravanes dont le Sahara nous offre trop souvent les tristes restes.

De toutes ces causes, quelle est celle qui a détruit ces grandes espèces dans les Gaules ou qui les a forcées à émigrer? C'est ce qu'une étude approfondie pourra nous révéler un jour. Mais ne nous arrêtant ici qu'aux faits locaux et à nos dépôts ossifères de Menchecourt et de Saint-Acheul, tout annonce qu'ils se composent de débris d'animaux ayant vécu à peu de distance des lieux où l'on retrouve leur charpente osseuse, et qu'ils furent engloutis sinon vivants, du moins encore en chair, comme l'indiquent ces agglomérations sabloneuses imprégnées d'une sorte de gélatine qui les a solidifiées et qui doit provenir de la décomposition des parties charnues dont elles rappellent les contours.

D'un autre côté, si l'on considère leur pêle-mêle dans un même lit de sable avec des silex bruts et taillés offrant un même état de frottement ou de conservation, on ne peut guère douter qu'os, haches et cailloux aient été entraînés ou déposés ensemble dans la position où on les trouve.

Jusqu'ici tout est clair et, sur ce point, la question semble résolue; mais on pourrait demander si les hommes qui ont fait les haches vivaient encore lorsque les éléphants dont on trouve les os furent engloutis, et si les haches charriées avec les silex bruts et qu'on ramasse avec eux dans les bancs, n'étaient pas aussi anciennement sur le sol que ces silex mêmes, c'est-à-dire depuis le jour où les unes et les autres furent jetés là par suite d'un premier cataclysme? Ceci présente quelque probabilité quand on reconnaît que, taillés ou non, tous ces silex ont la même teinte, que leurs angles ont subi les mêmes chocs, et qu'on peut distinguer sur un certain nombre, à travers la coûleur due au contact du sable diluvien, cette patine d'un blanc terreux qui résulte d'un long séjour à l'air.

Si on admettait l'affirmative ou leur séjour prolongé sur le sol ou dans quelqu'autre banc plus ancien que celui qui les renferme aujourd'hui, on pourrait croire qu'enfouis au même instant que ces os et par l'effet d'un même courant, ces haches et les hommes qui les avaient fabriquées n'appartiendraient pas à une même période et dateraient d'une époque bien plus reculée : contemporains, je suppose, de l'*elephas antiquus* et de la *cyrena fluminalis*, ils ne l'auraient pas été de l'*elephas primigenius*, et, de même que le premier, ils auraient cessé, depuis un temps immémorial, d'exister dans ce climat refroidi. Ce ne pourrait donc être qu'accidentellement qu'on y retrouverait les os de ces hommes, comme on y retrouve de loin à loin ceux de l'*elephas antiquus*, de l'*hippopotamus major*, etc., confondus avec ceux de l'*elephas primigenius*, et ce serait dans des bancs plus anciens ou antérieurs à l'époque où vivait ce dernier pachyderme qu'il faudrait chercher des êtres humains.

Quant aux silex taillés enfouis dans de plus vieux gissements ou épars sur le sol avec le petit nombre d'os échappés au cataclysme précédent, ils y seraient restés jusqu'au jour où ils ont été entraînés par ce dernier déluge. Mais le courant qui a pu ramasser de nombreux silex ouvrés et non ouvrés, a dû rencontrer peu d'os de la même période, parce que ces os n'avaient point la solidité des silex, et qu'exposés à l'air, à la dent des bêtes féroces et aux pieds des éléphants, ils avaient été anéantis depuis longtemps.

D'après ceci, notre pays aurait subi une suite de révolutions, dont trois semblent bien caractérisées :

Durant la première, il était très-peuplé en hommes;

Pendant la seconde, il l'aurait été en grands animaux, les hommes s'étaient éloignés;

Enfin durant la troisième, les animaux eux-mêmes avaient disparu, et ce sol, si longtemps animé, n'était plus qu'un désert.

Voilà sur quoi j'établissais mon opinion :

Que trouvons-nous à Menchecourt? — Immédiatement au-dessus de la craie, à une profondeur de neuf à douze mètres au-dessous de la superficie, une couche de gros silex peu ou point roulés, recouverts d'un lit de sable gris-blanc dans lequel sont des os, des haches et des coquilles fluviales et marines. Au-dessus de cette couche, laissant les subdivisions, nous trouvons celle de sable jaune dit *gras;* puis successivement les couches d'argile marneuse, de limon, de glaise ferrugineuse, de craie roulée et de silex brisés entourés de marne blanche ou terreuse, d'humus mêlé d'argile, enfin d'humus pur ou terre végétale noire. (Voir, ci-après, la coupe réduite du banc de Menchecourt).

Dans la couche de sable gras, on rencontre des os, parfois des silex taillés en couteaux, rarement des haches, jamais de coquilles marines ni fluviales.

Quant aux autres couches, elles n'offrent ni os, ni haches, ni coquilles.

Toutes ces couches — sable gris blanc, sable jaune, argile, limon, marne, glaise, silex et craie roulée — sont-elles le produit d'un seul déluge ou bien de trois ou quatre cataclysmes différents, séparés par des siècles? Ou sont-elles des dépôts produits d'année en année par une inondation périodique, une crue progressive, puis une eau tranquille s'apurant en sédiment?

On peut choisir entre ces versions diverses ; mais quelle que soit celle que l'on adopte, il faudra reconnaître une époque de dépopulation produite soit par la stérilité d'un sol dénudé, soit par le refroidissement successif de la température, suivi d'une période de glace pendant laquelle la neige, couvrant la terre, y arrêtait à la fois la vie végétale et la vie animale ; soit enfin par l'inondation produite par la fonte de cet amas glacé et le long séjour des eaux sur un fond durci par le froid.

Si l'on ne croit qu'à un cataclysme unique, on pourra dire que les premiers flots du torrent ayant entraîné tout ce qui se trouvait sur la superficie et en ayant formé le premier banc, c'est-à-dire le plus profond, celui des gros silex, des os et des haches, le second devait naturellement en être dépourvu ou en contenir moins, et le troisième et le quatrième n'en plus contenir du tout. C'est, en effet, ce qui arrive à Menchecourt, à Paris et dans tous les bancs analogues. Néanmoins à l'aspect du terrain, on comprend difficilement que les couches argileuses et limoneuses et plus encore celles de silex et de craie roulée aient pu être formées par la même eau qui a déposé sur la craie les gros silex, les gros os et les haches, car ces gros silex, ces os, ces haches si peu fatigués et surtout ces coquilles fluviales encore entières semblent avoir été mis là par une eau presque calme, si même ces coquilles ne sont pas nées sur place ; tandis que les couches supérieures d'argile, de limon, de silex brisés, de craie roulée, n'ont pu y être poussées que par un courant impétueux et venant de loin.

Mais qu'il y ait eu, comme nous l'avons dit, une période glaciale accompagnée de neige et suivie d'avalanches et de torrents ; que ces torrents aient été impétueux ou d'une rapidité moyenne et la stagnation des eaux qui leur a succédé plus ou moins longue, il est certain qu'après ce grand bouleversement qui a non seulement formé de nouveaux bancs, mais creusé des vallées et élevé des collines, ce sol, inondé dans ses bas-fonds et dépouillé, sur les pentes, de ses végétaux et même de sa terre végétale, a dû être inhabitable pendant un temps bien long: on sait combien il en faut pour la reproduction de l'humus, notamment sur les côteaux et les sites élevés. Ce sont les déjections de quelques oiseaux de passage et les dépôts insensibles de la poussière atmosphérique qui répandent, sur la superficie aride, les premiers éléments de végétation et fournissent les moyens de se développer à ces germes répandus dans l'air, à ces lichens dont les détritus vont former le grain de terreau qui donnera naissance à la première mousse, puis au premier brin d'herbe. Mais de ce grain à la masse nécessaire pour faire croître un chêne, il y a loin encore.

Ici, l'absence des végétaux explique celle des animaux (1).

(1) Les eaux douces et salées ont été, je n'en doute pas, habitées bien longtemps avant la terre; et ceci parce que la végétation sous-marine et sous-lacustre a commencé avant la végétation terrestre. Toutes les matières solaires ou atmosphériques propres à constituer un dépôt fécond ont d'abord été entraînées par les eaux, et ces eaux elles-mêmes contenant une substance nutritive ou productrice ont eu aussi leurs dépôts. Il y a donc eu des plantes fluviales et lacustres avant les plantes terrestres, et des forêts sous-marines avant nos forêts de la terre, dont, sous les eaux, nous retrouverions, si nous cherchions bien, les germes primitifs, comme on y retrouve les types originels de tous nos mammifères. — La tourbe a ainsi précédé l'humus, et avant la

Si nous n'admettons pas de cataclysme ou de formation convulsive et subite, et si nous reconnaissons que ces bancs sont le produit d'une eau calme et de sédiments successifs, cette absence de débris organiques dans les couches supérieures, serait plus difficile à expliquer. Pourquoi ces eaux tranquilles n'auraient-elles laissé aucun mollusque, aucune plante propre à produire la tourbe, et comment concevoir que, durant tant de siècles, nul être vivant n'y ait été entraîné, car les couches limoneuses, argileuses, ni celles de marne et de silex brisés, n'en offrent pas la moindre trace.

Ici la conclusion la plus plausible est que, pendant un temps indéfini, la terre des Gaules, par l'effet des glaces et des neiges qui la couvrait, et du froid excessif qui s'en suivait, a été complètement impropre à la vie : qu'aucun végétal n'y a crû, qu'aucun animal n'y a vécu. Lorsqu'au dégel final les torrents la balayèrent, ils ne pouvaient donc rencontrer de résidus organiques sur une surface depuis si longtemps stérile et qui, avant cette époque de stérilité, avait déjà été labouré par un ou plusieurs déluges. Les couches argileuses, limoneuses, crayeuses, postérieures à la période glaciale, couches dont les plus tourmentées sont le résultat de la débâcle neigeuse, et les autres de la fonte plus lente des glaces, ne devaient donc offrir que des matières inertes, variant selon la nature des terrains que les eaux parcouraient, mais tou-

tourbe bocageuse, composée d'arbres et de plantes terrestres, il en était une autre formée de plantes ne vivant que dans l'eau. Il doit exister aussi une tourbe sous-marine, résultat des détritus des premiers végétaux marins. Les êtres dont on trouverait les débris dans ces tourbières primordiales, sont, sans contredit, les aînés de la création.

jours dépourvues de détritus végétaux et animaux, sauf peut-être quelques rares coquilles marines, appartenant à l'époque secondaire, restes des fragments de craie roulée et brisée.

C'est donc avant cette période de glace que vivaient les animaux et les hommes dont nous retrouvons les traces dans les bancs de diluvium les plus profonds ou d'une formation antérieure à celle des glaciers. Ces hommes et ces animaux peuplaient notre pays durant cette époque d'une température moyenne qui, par un refroidissement probablement très-lent, a remplacé celle où croissaient dans les Gaules le palmier et toutes les plantes de la zône torride. C'est ce refroidissement qui, de siècle en siècle, est arrivé jusqu'à la neige continue et à ce degré de froid qui rendit toute végétation impossible, que nous avons nommé: *période glaciale.*

Cette longue stérilité des Gaules qui a pu s'étendre sur l'Europe entière, et même sur une grande partie du globe terrestre, y dépeuplant aussi les lacs, les rivières et les mers devenus un immense glaçon, explique cette absence de débris animaux dans ces couches qui en recouvrent d'autres où ils abondent, et tend à prouver cette alternative de vie et de mort, de population et de solitude qui paraît avoir été et devoir être encore le sort de chaque face de notre planète. A une période torride a succédé un climat modéré, amenant, par un refroidissement lent, la période glaciale, qui, elle même, nous a progressivement ramenés à la température moyenne, laquelle nous conduira de nouveau, après une succession de siècles, à la chaleur tropicale (1).

(1) C'est aux astronomes à décider si notre système solaire est

Je ne sais si je me trompe, mais ce qui précède explique jusqu'à certain point l'absence ou la rareté des reste humains dans le diluvium de nos pays du nord (1). Les animaux, sauf quelques espèces, ne résistent pas plus que l'homme à un froid excessif et, comme lui, ils le redoutent; mais les hommes ont pu faire ce que les animaux ne font pas : ils ont prévu le danger et ils se sont éloignés avant que le froid ne fût devenu extrême, espérant trouver ailleurs un climat moins rigoureux.

soumis à ces alternatives à longue période de chaleur et de refroidissement, et quelle influence le refroidissement de la lune peut avoir sur la terre.

(1) Depuis qu'on a commencé cette impression, de nombreuses notices et brochures ont encore paru en France, en Suisse en Angleterre, etc., sur cette question si grave de l'ancienneté de l'homme. Parmi celles qui nous sont parvenues, nous citerons : *Les Celtes, les Armoricains, les Bretons*, par le Dr E. Halleguen ; — *Artefacta antiquissima. Geology in its relations to primeval man*, par M. Henry Duckworth, esq. Liverpool, 1860.

La *Bibliothèque universelle* de juillet 1860, n° 31, pages 193 et suivantes, contient deux articles très-remarquables : l'un de M. E. Lartet, lu à l'Académie des sciences le 19 mars 1860, a pour titre : *L'ancienneté géologique de l'espèce humaine dans l'Europe occidentale;* l'autre, intitulé : *Existence de l'homme sur la terre antérieurement à l'apparition des anciens glaciers*, est de M. Ed. Collomb.

Aux savants français et étrangers que nous avons cités, nous devons ajouter : feu le président Ledict-Dullos ; M. A. de Longpérier, de l'Institut; le comte de Viel-Castel, conservateur au Louvre; MM. les professeurs J.-B. Noulet et Leroy de Méricourt ; le Dr Reuter, directeur de la Société d'archéologie de Nassau ; M. J. Arneth, directeur du cabinet impérial des médailles à Vienne; l'amiral W. Smith; MM. Daniel Wilson, Éveret, Joseph Mayer.

Cette dépopulation des Gaules, en ce qui concerne notre espèce, a donc pu durer longtemps, même après le retour des autres races : on a vu que les restes humains n'étaient pas beaucoup plus communs dans les tourbières qui pourtant contiennent, comme le diluvium, des masses d'ossements d'animaux. Cette disproportion n'est pas purement locale, il en est ainsi à peu près partout, et ce n'est que lorsqu'on se rapproche de la superficie ou de la civilisation que la balance se rétablit et, sur quelques points, semble pencher en notre faveur. Mais cette suprématie du nombre n'apparaît qu'à l'époque historique : précédemment et dans l'état sauvage, la multiplication des animaux était à la fois plus grande et plus rapide que celle des hommes. Si l'on en juge à la masse de leurs os, il est des familles de mammifères qui ont fourni à elles seules plus d'individus que n'en produisit jamais l'espèce humaine.

Il en résulte que si l'on rapprochait le nombre d'hommes de celui des quadrupèdes nés depuis la contemporanéité, la race humaine ne formerait pas la cent millième partie de ces seules espèces. Si ce calcul est exact, il n'est pas étonnant qu'on découvre si peu d'hommes dans les terrains anciens, car on n'en doit rencontrer qu'un sur cent mille d'autres mammifères.

En considérant ces révolutions de notre terre, ces races y succédant à d'autres races, ces alternatives de dépopulation et de repeuplement séparés par des époques de solitude qu'indiquent assez ces couches dépourvues de débris organiques, on se demande si ces révolutions sont les premières, si, sous ce sol exploré, il n'y a pas un autre sol, et sous celui-là, un sol plus vieux encore. Le rayon de la terre a six mille sept cent soixante-dix-sept kilomètres; si notre œil pouvait seulement en percer dix, quel vaste champ d'étude s'ouvrirait devant nous! La géologie qui, depuis soixante ans, a fait tant de progrès, n'en est pourtant qu'à la surface, et nous n'en savons pas plus sur la composition intérieure de notre planète que sur celle de la lune: nul de nous ne peut dire si son enveloppe nous cache une mer centrale, une immense fournaise ou une suite de cavernes habitées par des êtres dont nous n'avons pas même l'idée, êtres ayant aussi leur air respirable et leur jour relatif. De cette terre connaissons-nous toutes les issues, tous les soupiraux, toutes les communications sous-marines? C'est donc tout un monde que nous avons à découvrir; et quand nous ne sommes encore qu'à l'enveloppe, quand nous avons à peine levé un petit coin du voile, il y aurait un singulier orgueil à déclarer qu'il n'y a rien dessous, et que cette couche de trois à quatre kilomètres, sur la formation et la composition (1) de laquelle nous ne sommes même pas d'accord, représente tout ce que contient la masse entière du globe.

La réflexion nous dit qu'il n'en peut être ainsi: qu'il est évident que la terre a été habitée dès qu'elle a été habitable; que l'homme y vivait lorsque des convulsions terribles l'ont entièrement bouleversée; qu'il y vivait

(1) Notre planète est-elle formée d'une matière éthérée qui s'est successivement concentrée et qui, de l'état de vapeur, a passé a l'état solide? — Est-ce un point attractif qui s'est accru, s'accroît encore et s'accroîtra indéfiniment de cette zône d'aérolithes qui l'entoure? — Est-ce un composé de débris de mondes brisés et de soleils éteints? Ou aérolithe lui-même, ce globe est-il insensiblement attiré vers un globe plus grand, à l'accroissement duquel il doit servir un jour? — Qustions à résoudre.

également lorsque sa surface a été modifiée par un effet plus lent ou un mouvement successif; que depuis son principe et aujourd'hui encore, cette terre croît en volume par l'adjonction de ces myriades d'aérolithes dont, ainsi qu'un anneau, une zône l'enveloppe; que ce volume s'accroît aussi de ces couches produites par la substance impalpable et par ces germes que nous apportent la lumière, la chaleur, l'électricité, accroissement insensible, mais incessant et tendant à enfermer tous les jours davantage ce sol le premier peuplé, à le comprimer, à le tasser vers le centre.

En présence de ces faits, qui de nous peut affirmer que là, sous nos pieds, à quelques cents mètres plus bas que les quelques cents mètres que nous connaissons, nous ne retrouverions pas la nature primordiale, avec d'autres formes, d'autres espèces, d'autres hommes, enfin cette ancienne superficie couverte des débris d'une humanité et peut-être d'une civilisation oubliées.

Sans doute il est plus court de dire qu'il n'y a rien eu au-delà de ce que nos yeux ont vu ou que notre mémoire nous rappelle, et qu'avant Ninive et Babylone on n'avait point bâti de villes; mais pensez-vous qu'une pareille croyance ait été admise dans ces cités, et que si elles avaient leurs écoles et leurs sages, ceux-ci y enseignaient, comme les nôtres, qu'avant eux il n'y avait rien? Non, à cette époque comme aujourd'hui, l'histoire de l'homme se perdait dans la nuit des temps, et on n'en savait pas plus sur ses premiers pas que nous n'en savons nous-mêmes. Les recherches des anciens, moins observateurs que nous, se portaient ailleurs; mais si ces sages, devenus naturalistes, avaient voulu approfondir l'étude de l'homme, ils auraient, comme nous, interrogé le grand livre de la nature; ils auraient fouillé ces mêmes bancs, nés d'un cataclysme déjà si loin d'eux; ils y auraient trouvé ce que nous y trouvons, ces débris de races éteintes, ces grands mammifères inconnus, étranges pour eux comme ils l'ont été pour nous. Ces haches leur eussent révélé un peuple dont ils n'avaient pas même soupçonné l'existence. Enfin, Messieurs, ces quarante siècles qui se sont écoulés depuis l'époque où vivaient ces antiques habitants de Ninive et ces quarante autres qui vont s'écouler entre nous et un autre peuple pour qui, à notre tour, nous serons les Ninivites ou l'antiquité la plus reculée, cette période de huit mille ans ne sera pourtant qu'un point dans l'histoire de l'homme.

Étudions-la donc, mais comme elle doit l'être. Sortons du cercle étroit tracé par la routine, et ne limitons pas la puissance de Dieu en la mesurant à notre faiblesse. Pour lui, que sont les siècles? Que sont-ils même pour nous dès que, croyant à l'âme, nous ne voyons plus la vie dans ces quelques jours qui nous sont donnés sur la terre? Rappelons-nous que Dieu créa l'homme à son image, mais à son image divine, et répétons que Dieu éternel a fait l'homme *éternel.*

Lorsque l'éternité et l'espace sont là devant nous, ne craignons plus de regarder en arrière; remontons dans le passé: c'est seulement ainsi que nous pourrons mesurer l'avenir. De cette terre nous connaissons l'enveloppe, voyons ce qu'elle nous cache; ne nous bornons pas, comme la poule, à gratter la poussière pour en extraire un vermisseau; interrogeons ses entrailles: le sondage des mers, le percement des montagnes, le creusement des isthmes, enfin ces travaux d'art les plus grands que l'industrie humaine ait peut-être jamais conçus, offrent en ce moment aux antiquaires et aux géologues (1) des moyens d'études qui ne se représenteront de longtemps. C'est aux amis des sciences à en profiter.

Peut-être serait-il utile qu'une commission fût nommée pour suivre ces grands remaniements de terrains, et que des instructions fussent données à ceux qui les dirigent (2), que des primes, que des médailles fussent accordées aux contre-maîtres et aux ouvriers qui les mériteraient par des découvertes ou le concours qu'ils auraient apporté aux recherches. Ce n'est, Messieurs, vous le savez, que par des soins analogues, dans la

(1) C'est pour exprimer cette double qualité que l'auteur a imaginé ce mot : *archéogéologie*, désignant ainsi cette science nouvelle ou l'étude de la géologie appliquée à l'histoire de l'enfance de l'homme et de ses premiers pas dans les arts et l'industrie.

(2) Le percement de l'isthme de Suez peut, si les terrains superposés sont soigneusement explorés, conduire à de grandes découvertes, non-seulement en archéologie, mais en histoire naturelle, en géologie, en paléontologie, en anthropologie : là encore on doit trouver l'homme antédiluvien.

On le retrouverait aussi sous l'ancien sol de Ninive, si les antiquaires qui y font des fouilles, ne se bornant pas aux monuments de la civilisation, voulaient pousser leurs sondages à quelques mètres au-dessous de ce sol qu'ont foulé les Assyriens. Là ils rencontreraient les traces du peuple qui les a devancés, car les chaumières ont partout précédé les palais, comme la hutte ou la tente a précédé la chaumière. Un mètre plus bas encore, ils arriveraient au gissement de la faune éteinte, et là aussi, avec les débris de ces grands mammifères, s'ils ne trouvaient pas ceux de l'homme, ils y verraient les traces de ses premiers pas sur la terre. L'étage supérieur leur avait fourni des chefs-d'œuvre, l'étage d'en bas leur montrera ce qui y a conduit : les arts de la nécessité ou l'industrie primitive.

HAUTEUR DES BANCS DILUVIENS D'ABBEVILLE ET ENVIRONS,

Cités dans le livre des Antiquités celtiques et antédiluviennes et le présent Mémoire.

Nivellement fait le 6 juillet 1859 pour connaître la hauteur du terrain des carrières (diluvium) ci-après dénommées, par rapport au niveau moyen de la Somme, aux plus hautes eaux de la même rivière, aux marées extraordinaires et au niveau moyen de la mer à Saint-Valery-sur-Somme et au Hâvre.

DÉSIGNATION DES CARRIÈRES.		AU-DESSUS DES					
		Niveau moyen de la Somme.	Plus hautes eaux de retenues artificielles de la Somme en 1867.	Hautes eaux extraordinaires de la Somme en 1841.	Marées extraordinaires de vives eaux au pont de Saint-Valery-sur-Somme.	NIVEAU MOYEN DE LA MER à Saint-Valery-sur-Somme.	NIVEAU MOYEN DE LA MER au Hâvre.
	Ligne de comparaison. .	**108m 70**	**107m 60**	**107m 06**	**106m 20**	**112m 67**	**114m 31**
Carrière de cailloux à l'extrémité côté gauche du faubourg St-Gilles.	Terrain naturel au sommet de la carrière.	23 25	21 95	21 41	20 55	27 02	29 16
	Partie nivelée du terrain exploité. .	21 05	19 95	19 41	18 55	25 02	27 16
Carrière de cailloux de la porte du Bois, près le moulin Quignon.	Terrain naturel au sommet de la carrière.	28 25	27 15	26 61	25 75	32 22	34 36
	Partie nivelée du terrain exploité. .	26 25	25 15	24 61	23 75	30 22	32 36
Sommet de la butte du moulin Quignon.		32 21	31 11	30 57	29 71	36 18	38 32
Carrière de sable de Menchecourt appartenant aux sieurs Dufour et Coulombel.	Terrain naturel au sommet de la carrière.	14 07	12 97	12 43	11 57	18 04	20 18
	Partie nivelée du terrain exploité et en culture.	8 87	7 77	7 23	6 37	12 84	14 98
Moulin de l'argilière, à Menchecourt.	Tertre sur lequel le moulin est placé	52 59	51 49	50 95	50 09	56 56	58 70
Carrière de Mautort, au sieur Papillon, à gauche de la route impériale n° 25.	Dessus de la carrière du sieur Papillon.	1 88	» 78	» 24	— » 62	5 85	8 »
	Plafond ou sol de ladite carrière. .	—2 12 (1)	—3 22	—3 76	—4 62	1 85	4 »
Niveau du terrain de la vallée, près la station du chemin de fer d'Abbeville.	Niveau de la vallée près de la station du chemin de fer.	1 50	» 40	— » 14	—1 »	5 47	7 60

(1) Le signe — indique les côtes qui se trouvent en contrebas des points de comparaison. Ainsi le plafond ou sol de la carrière du sieur Papillon est à 2m 12 au-dessous du niveau moyen de la Somme, à 3m 22 au-dessous des plus hautes marées de retenues artificielles, etc.; tandis, qu'au contraire, il se trouve à 4m au-dessus du niveau moyen de la mer au Hâvre.

COUPE RÉDUITE DU TERRAIN DE MENCHECOURT PRÈS ABBEVILLE.

(*Antiquités celtiques et antédiluviennes*, tome Ier, page 234).

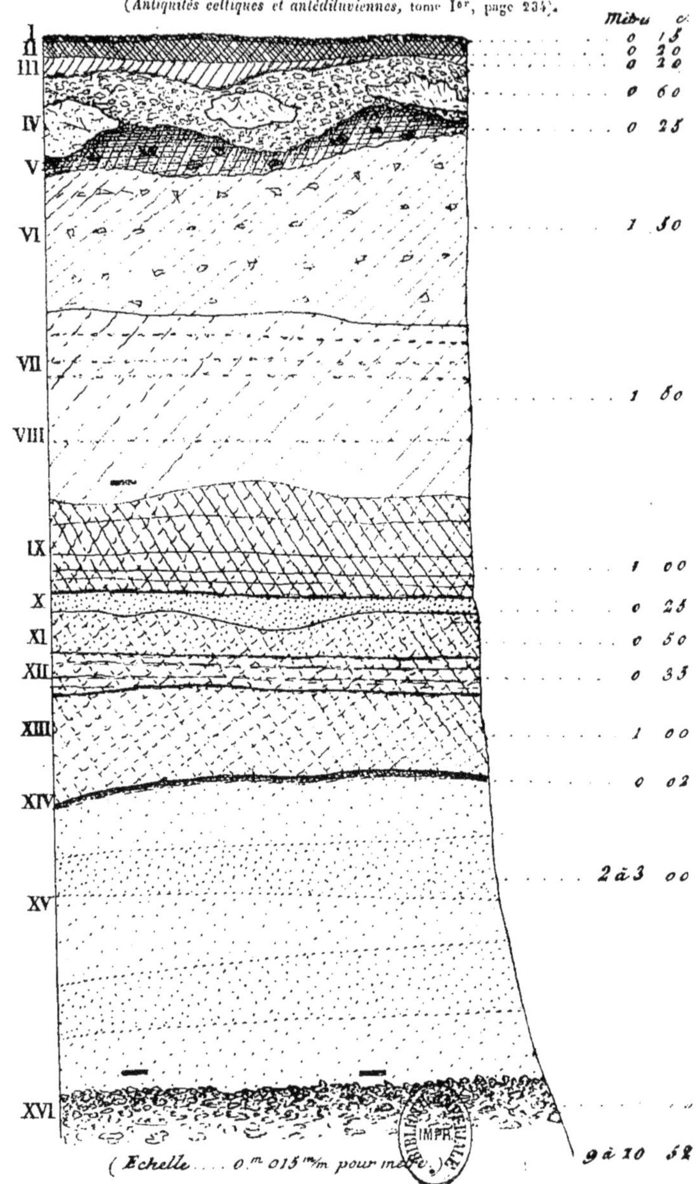

(*Echelle*.... 0.^m 015 ^m/m *pour mètre*.)

EXPLICATION DE LA PLANCHE OU DE LA COUPE.

Terrains		N°	Couches
Terrains modernes ou alluviens.		I.	Terre végétale superficielle, noire; humus.
		II.	Terre végétale inférieure, argileuse (mélange d'humus et d'argile).
Terrains diluviens ou clysmiens (Al. Brong.) — Terrain clysmien détritique.		III.	Argile brune, biéfeuse inférieurement.
		IV.	Banc supérieur de silex roulés et brisés, contenant des paquets de marne blanche et de craie roulée en fragments amygdalins.
		V.	Glaise ferrugineuse brune, compacte (vulgairement appelée bief).
Terrain clysmien limoneux (Al. Brongniart).	Limono-détritique.	VI.	Argile marneuse, piquée de silex brisés à écorce blanche.
	Argilo-sableux.	VII.	Sable marneux (sable gras des ouvriers). (La puissance de cette couche peut s'élever au-delà de 5 mètres; elle contient des ossements de mammifères.)
		VIII.	Lits de craie roulée réduite à de petits fragments pisiformes, mêlés de graviers siliceux; ces lits traversent le banc de sable marneux (VII) à diverses hauteurs.
		IX.	Glaise blonde, mêlée de veine de sable ocreux.
		X.	Lit de sable blond (sable aigre jaune des ouvriers), contenant de petits fragments de craie roulée et de coquillages brisés.
		XI.	Glaise grise, sableuse.
		XII.	Glaise et sable ocreux, par veines.
		XIII.	Glaise pure, grise.
		XIV.	Veine ocreuse.
Terrain clysmien détritique	Sableux.	XV.	Lits alternatifs un peu obliques de sable gris et de sable blanc, coquilliers (sable aigre blanc des ouvriers). (C'est au milieu de ce sable que l'on trouve principalement les coquilles et les ossements diluviens.)
	Caillouteux.	XVI.	Banc inférieur de silex roulés et brisés.

▬ ▬ Ces marques indiquent l'emplacement des haches en silex.

De l'homme antédiluvien et de ses œuvres.
par Mr Boucher de Perthes.
Emmanchement probable des haches et autres outils de silex antédiluviens.

Pl. 1.

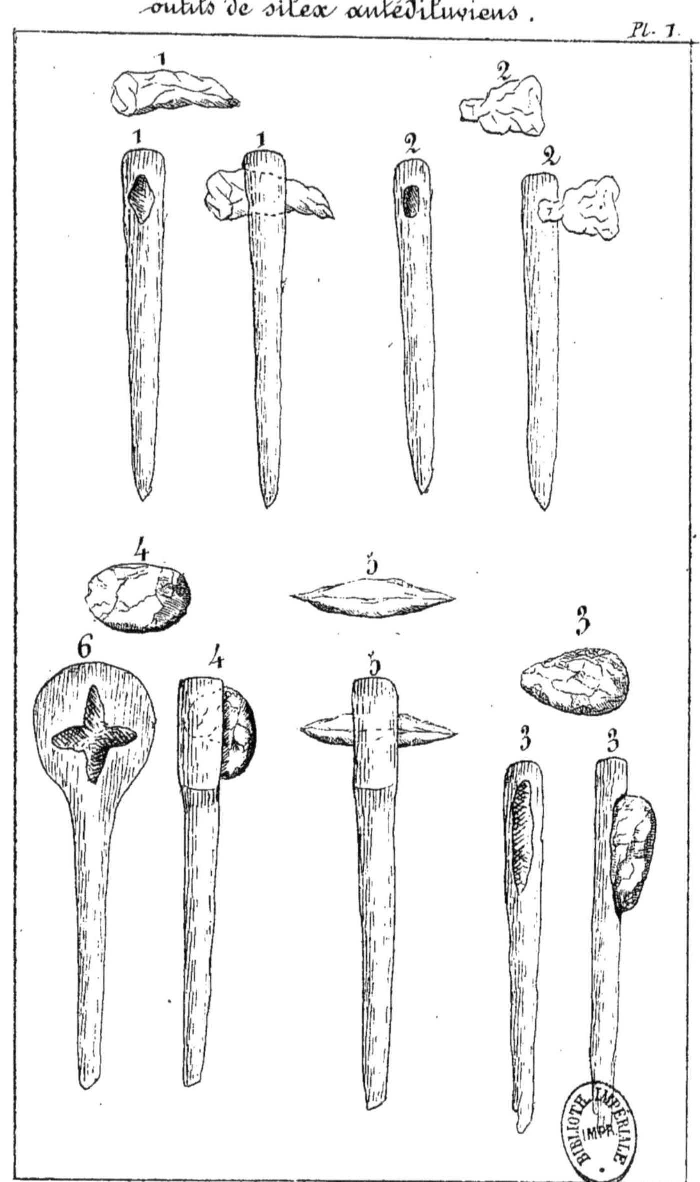

Voir la page et les suivantes

Discours prononcé
à la Société Imp^{le} d'Émulation d'Abbeville, le 7 Juin 1860.

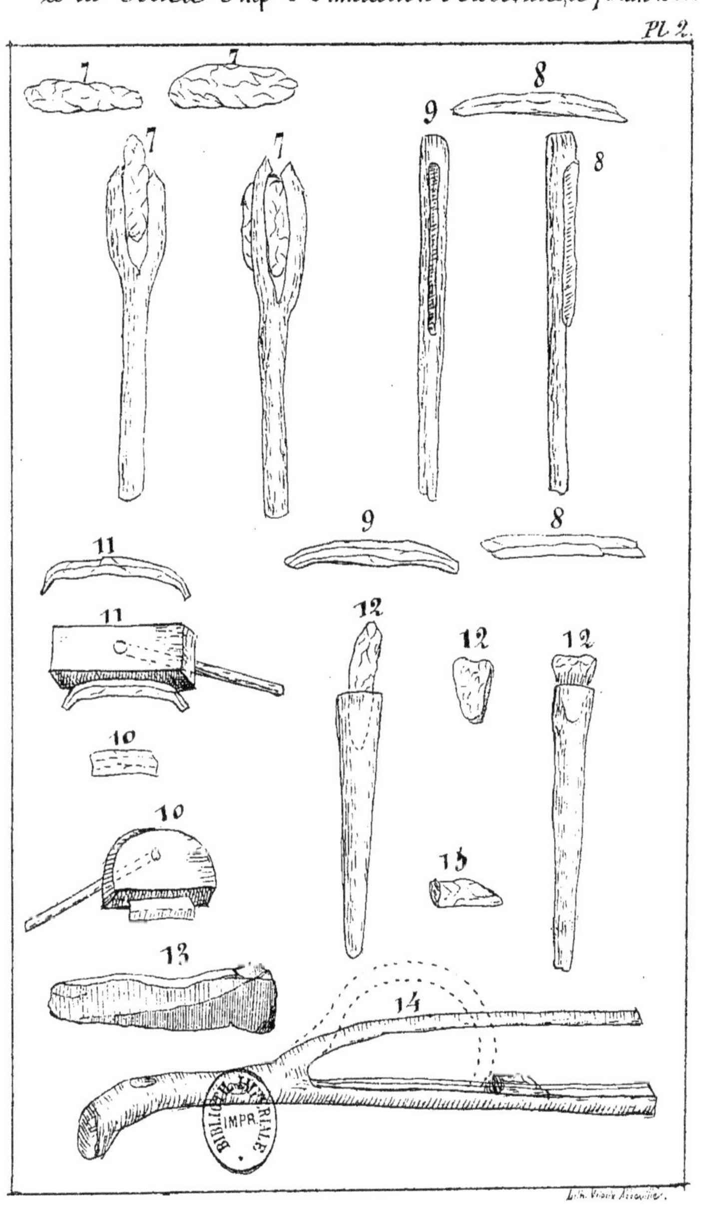

Voir la page et les suivantes.

www.ingramcontent.com/pod-product-compliance
Ingram Content Group UK Ltd.
Pitfield, Milton Keynes, MK11 3LW, UK
UKHW021106260726
13994UKWH00002B/733